变电站智能化提升 关键技术丛书

二次及辅助系统

国网湖南省电力有限公司　组编

中国电力出版社
CHINA ELECTRIC POWER PRESS

内 容 提 要

为促进智能变电站的发展，加强电力从业人员对变电运维检修常见问题及解决方案的交流和学习，国网湖南省电力有限公司组织编写了《变电站智能化提升关键技术丛书》，丛书包括《变压器及无功设备》《二次及辅助系统》《互感器设备》《开关设备》4 个分册。

本分册为《二次及辅助系统》，共 3 章，分别介绍了变电站二次系统、站用交直流电源系统、变电站辅助系统的智能化提升关键技术，并给出了站用交直流电源系统架构、辅助设备监控系统的对比及选型建议。

本书可供供电企业从事二次及辅助系统运维、检修工作的技术及管理人员使用，也可供制造厂、电力用户相关专业技术人员及大专院校相关专业师生参考。

图书在版编目（CIP）数据

二次及辅助系统 / 国网湖南省电力有限公司组编. —北京：中国电力出版社，2020.9
（变电站智能化提升关键技术丛书）
ISBN 978-7-5198-4933-7

Ⅰ . ①二… Ⅱ . ①国… Ⅲ . ①变电所—辅助系统 Ⅳ . ① TM63

中国版本图书馆 CIP 数据核字（2020）第 169458 号

出版发行：中国电力出版社
地　　址：北京市东城区北京站西街 19 号（邮政编码 100005）
网　　址：http: //www.cepp.sgcc.com.cn
责任编辑：赵　杨（010-63412287）
责任校对：黄　蓓　马　宁
装帧设计：张俊霞
责任印制：石　雷

印　　刷：三河市百盛印装有限公司
版　　次：2020 年 9 月第一版
印　　次：2020 年 9 月北京第一次印刷
开　　本：787 毫米 × 1092 毫米　16 开本
印　　张：17.25
字　　数：369 千字
定　　价：88.00 元

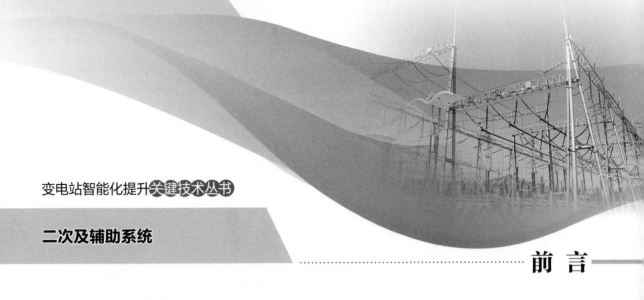

变电站智能化提升关键技术丛书

二次及辅助系统

前 言

　　为促进变电站运行可靠性及智能化水平提升，加强电力行业从业人员对变电站运维检修过程中常见问题及解决方案的交流学习，实现电网"供电更可靠、设备更安全、运检更高效、全寿命成本更低"，国网湖南省电力有限公司组织编写了《变电站智能化提升关键技术丛书》，丛书包括《变压器及无功设备》《二次及辅助系统》《互感器设备》《开关设备》4个分册。本丛书全面继承传统变电站、第一代智能变电站及新一代智能变电站内设备优点，全方位梳理电力行业新成果，凝练一系列针对各类设备的可靠性提升措施和智能关键技术。为使读者能够对每类设备可靠性提升措施和智能关键技术有完整、系统的了解和认识，本丛书在系统性调研的基础上，整理了各运维单位及设备厂家设备实际运行过程中的相关故障及缺陷案例，并综合电力行业专家意见，从主要结构型式、主要问题分析、可靠性提升措施、智能化关键技术、对比选型建议等五个方面对每类设备分别进行详细介绍，旨在解决设备的安全运行、智能监测等问题，从而提升设备本质安全及运检便捷性。

　　本分册为《二次及辅助系统》，共3章，第1章介绍了变电站二次系统的可靠性提升措施和智能化关键技术。第2章介绍了站用交流电源系统、站用直流电源系统以及一体化电源系统的可靠性提升措施和智能化关键技术，给出了站用交直流电源系统架构对比及选型建议。第3章介绍了智能巡检机器人、安防系统、消防系统、视频系统、灯光智能控制系统、环境监控系统、在线监测系统7类辅助系统的可靠性提升措施和智能化关键技术，给出了变电站辅助设备监控系统对比及选型建议。

　　本书涵盖知识较广、较深，对电力行业二次及辅助系统的发展具有一定的前瞻性，值得电力行业从业人员学习和研究。

　　限于作者水平和时间有限，书中难免出现疏漏和不妥之处，敬请读者批评指正。

编者

2020年6月

变电站智能化提升关键技术丛书

二次及辅助系统

目 录

前言

第1章 变电站二次系统智能化提升关键技术

1.1 二次系统简述

智能变电站二次系统按 Q/GDW 383—2009《智能变电站技术导则》要求采用"三层两网"结构。三层即站控层、间隔层、过程层；两网即站控层网络和过程层网络。站控层负责变电站的数据梳理、集中监控和数据通信以及与远方监控/调度中心的通信，是全站监控、管理的中心，设备包括监控主机、数据通信网关、数据服务器、综合应用服务器、操作员站、工程师工作站、数据集中器（phasor measurement unit，PMU）和计划管理终端等；间隔层设备包括继电保护装置、测控装置、故障录波装置、网络记录分析仪及稳控装置等，实现使用一个间隔的数据并且作用于该间隔一次设备的功能，即与各种远方输入/输出、传感器和控制器通信；过程层由互感器、合并单元、智能终端等构成，是一次设备与间隔层设备的转换接口，完成电流和电压量的采样、设备运行状态信号的监测和分合闸命令的执行等。智能变电站典型网络架构如图 1-1 所示。

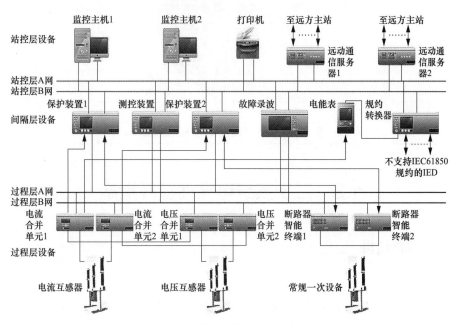

图 1-1 智能变电站典型网络架构示意图

1.2　二次系统主要问题分类

通过广泛调研，二次系统突出问题主要有 6 大类，其中二次系统总体架构类占 12%；SCD 文件管理类占 15%；测控系统类占 22%；自动化设备类占 14%；继电保护装置类占 34%；顺序控制类占 3%，二次系统主要问题分类如表 1-1 所示，主要问题分布情况如图 1-2 所示。

表 1-1　　　　　　　　　　二次系统主要问题分类

问题分类	占比（%）
二次系统总体架构	12
SCD 文件管理	15
测控系统	22
自动化设备	14
继电保护装置	34
顺序控制	3

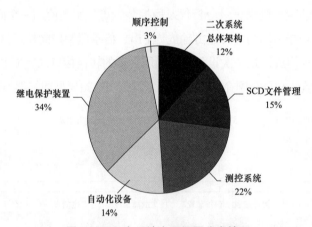

图 1-2　二次系统主要问题分布情况

1.3　二次系统可靠性提升措施

1.3.1　简化系统结构

（1）现状及需求。

智能变电站采用"三层两网"结构，由站控层、间隔层、过程层及站控层、过程层网络组成，常规变电站与智能变电站结构对比如图 1-3 所示。

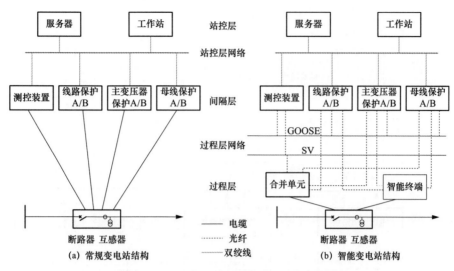

图 1-3 常规变电站与智能变电站结构对比

这种结构模式带来以下问题:

1)保护的速动性、可靠性亟待提升。智能变电站相比常规变电站保护采样环节增加合并单元,出口环节增加智能终端,整体延时增加 7 ~ 10ms,保护的可靠性和速动性均受到影响。智能变电站保护采样、出口延时增加如图 1-4 所示。

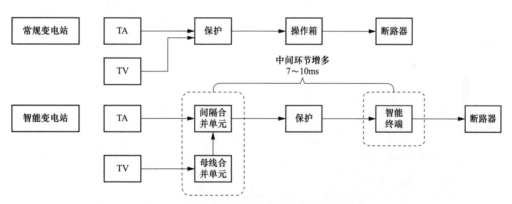

图 1-4 智能变电站保护采样、出口延时增加

2)合并单元故障影响范围大。220kV 及以下智能变电站电压采样普遍使用母线电压级联方式,即由母线合并单元统一采样,分别送至各间隔合并单元。若该母线合并单元故障,会导致与其相关的保护、测控工作异常,影响范围大。母线合并单元典型配置方案示意图如图 1-5 所示。

案例:750kV 某变电站取消 750kV 系统及主变压器三侧所有合并单元,共需更换保护屏 5 面、保护装置 40 台、测控装置 26 台,拆除 SV 交换机 24 台、合并单元 70 台。变电站合并单元取消情况如表 1-2 所示。

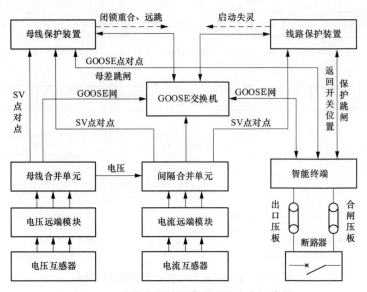

图 1-5　母线合并单元典型配置方案示意图

表 1-2　　　　　　　　　　　　750kV 某变电站合并单元取消情况

合并单元配置位置	间隔数量（台）	间隔配置合并单元数量（台）	取消合并单元总数（台）
750kV 断路器 TA	10	4	40
750kV 线路 TV（含主变压器 750kV 侧）	6	2	12
750kV 母线 TV	2	2	4
750kV 高压电抗器 TA	2	2	4
主变压器本体（公共绕组及低压侧套管 TA）	2	4	8
主变压器 220kV 侧 TA	2	2	0
主变压器 66kV 侧 TA	2	2	2
合计	—	—	70

3）交换机数量多，故障影响范围广。为实现信息共享，智能站使用了大量交换机（500kV智能变电站 60～80 台，220kV 智能变电站 40～60 台，110kV 智能变电站 30～40 台）。若交换机故障会导致设备大面积通信中断，影响保护、测控正常工作。如智能变电站母差保护通过中心交换机接收所有间隔的失灵信号，若中心交换机故障，存在失灵保护拒动越级跳闸风险。智能变电站失灵信号传输示意图如图 1-6 所示。

4）对时间同步系统依赖度高。时间同步系统为智能变电站二次设备唯一授时源，当其故障时将引起所有关联二次设备告警，产生大量信息报文，影响网采设备正常工作，增加安全自动装置误动、拒动的风险。

案例：2017 年 1 月 1 日闰秒期间，220kV 某变电站合并单元没有特殊处理闰秒时刻，导致所有合并单元 GOOSE 报文集中在同一时间段内发出，形成网络风暴，造成 110kV 枣春线保护测控装置 GOOSE 组网链路中断。

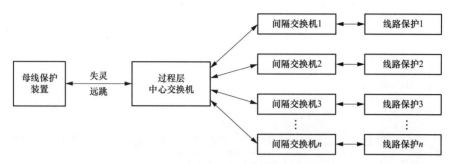

图 1-6 智能变电站失灵信号传输示意图

5）二次设备数量大幅增加，现场运维工作量增大。

案例：500kV 某变电站、220kV 某变电站、110kV 某变电站，各新增智能二次设备 209、103、39 台，分别占本站二次设备总量的 65.7%、49.2%、44.8%。智能二次设备增加数量如表 1-3 所示。

表 1-3 智能二次设备增加数量

序号	站名	总数量（台）	增加数量（台）	增加设备明细（台）
1	500kV 某变电站	318	209	网络报文记录分析仪：1 过程层交换机：46 合并单元：93 智能终端：69
2	220kV 某变电站	209	103	网络报文记录分析仪：1 过程层交换机：38 合并单元：18 智能终端：26 合智终端：20
3	110kV 某变电站	87	39	网络报文记录分析仪：1 过程层交换机：6 合并单元：12 智能终端：13 合智终端：7

6）二次回路中间环节多，隔离措施复杂，作业安全风险高。

案例 1：330kV 某变电站，由于线路保护安措隔离时漏退 SV 软连接片，造成保护越级跳闸、变电站全停，330kV 某变电站 SV 软连接片未退出导致保护越级动作，如图 1-7 所示。

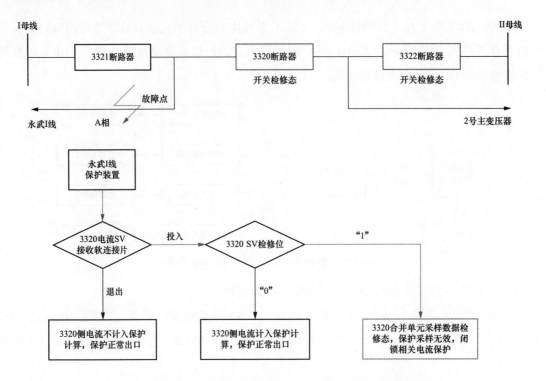

图 1-7 330kV 某变电站 SV 软连接片未退出导致保护越级动作

案例 2：220kV 某变电站，由于母线保护安措隔离时顺序错误，造成母差保护误动跳闸。

案例 3：以 220kV 某变电站为例，其典型设备检修安全隔离范围如表 1-4 所示。

表 1-4 220kV 某变电站设备检修安全隔离范围

序号	工作对象		安全隔离范围
1	220kV 线路	线路运行时单套间隔合并单元故障	对应线路保护、母线保护需停运
		线路运行时单套线路保护故障	对应线路保护需停运
		线路运行时单套智能终端故障	对应智能终端、线路保护需停运
		线路停电检修	该间隔线路保护、测控装置、合并单元、智能终端均需停运，母线保护退出相应间隔的 SV 软连接片、GOOSE 接收软连接片
2	220kV 主变压器	主变压器运行时 220kV 侧合并单元故障	对应主变压器保护、220kV 母线保护需停运
		主变压器运行时 110kV 侧合并单元故障	对应主变压器保护、110kV 母线保护需停运

序号	工作对象		安全隔离范围
2	220kV 主变压器	主变压器运行时单套保护装置故障	对应主变压器保护需停运
		主变压器运行时 220kV 或 110kV 单套智能终端发生故障	对应主变压器保护、智能终端需停运
3	单套母线合并单元	220kV 母线合并单元故障	对应 220kV 母线保护、线路保护、主变压器保护需停运
		110kV 母线合并单元故障	对应 110kV 母线保护、线路保护、主变压器保护需停运

7）需简化智能变电站系统结构。简化后的智能变电站系统结构与现有的传统"三层两网"结构对比的优缺点如表 1-5 所示。

表 1-5　　　　　　　　智能变电站系统结构简化前后优缺点对比

名称	现状	简化后
系统架构	"三层两网"，结构复杂	"两层一网"，结构简单
装置数量	有过程层设备，设备数量多	无过程层设备，设备大幅减少 500kV 变电站大约减少 52% 220kV 变电站大约减少 52% 110kV 变电站大约减少 31%
交换机数量	有过程层网络，交换机数量多	取消过程层网络，交换机数量减少 500kV 变电站大约减少 81% 220kV 变电站大约减少 72% 110kV 变电站大约减少 47%
屏柜数量	屏柜数量多	取消户外柜，屏柜数量减少 500kV 变电站大约减少 47% 220kV 变电站大约减少 61% 110kV 变电站大约减少 27%
单一设备故障影响范围	设备关联交错，合并单元，特别是母线合并单元故障影响范围大	采用点对点直连，设备间关联关系简单
	有过程层网络，中心交换机故障影响多个测量、保护功能	无过程网络，测量保护功能不受网络设备影响
	组网采样，时间同步系统故障影响控制保护装置功能	点对点直接采样，控制保护装置功能不受时间同步系统影响
隔离措施	设备隔离措施复杂，作业安全风险高	取消采样中间环节，隔离措施简单
保护速动性	有中间环节，出口时间长	取消采样和出口的中间环节，保护出口时间缩短 3 ~ 5ms

（2）具体措施。

按"两层一网"原则重新设计二次系统结构，取消合并单元、智能终端、过程层交换机等设备及过程层网络，减少保护装置采样及出口中间环节，简化安全隔离措施，提高保护装置可靠性、速动性，降低作业安全风险。

针对不同电压等级，按照以下原则进行二次系统结构设计：

1）330kV及以上电压等级（包括重要220kV）测控采用站控主机加间隔测控模式，双套配置。保护采用传统模式，电缆直接采样。两个主流二次厂家设计的500kV典型间隔"两层一网"系统结构图如图1-8所示。

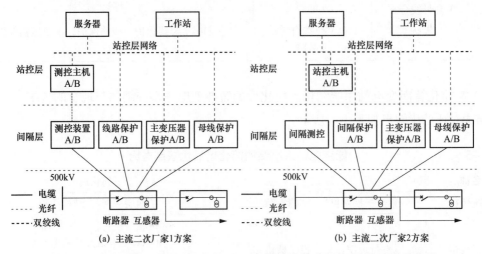

图1-8　两个主流二次厂家设计的500kV典型间隔"两层一网"系统结构图

2）220kV电压等级采用站控主机加间隔测控模式，双套配置。保护采用站级保护加间隔保护模式，双套配置。两个主流二次厂家设计的220kV典型间隔"两层一网"系统结构图如图1-9所示。

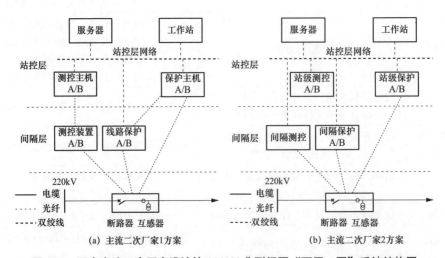

图1-9　两个主流二次厂家设计的220kV典型间隔"两层一网"系统结构图

3）重要 110kV 电压等级采用站级控制保护加间隔控保模式，站级控制保护双套配置。两个主流二次厂家设计的 110kV 典型间隔"两层一网"结构示意图如图 1-10 所示。

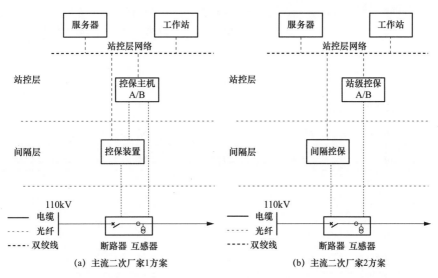

图 1-10　两个主流二次厂家设计的 110kV 典型间隔"两层一网"结构示意图

4）110kV 及以下电压等级采用站级控保加独立后备模式，站级控制保护双套配置。两个主流二次厂家设计的 35kV 典型间隔"两层一网"结构示意图如图 1-11 所示。

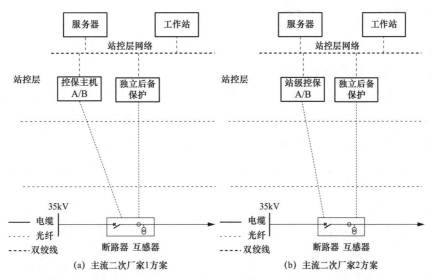

图 1-11　两个主流二次厂家设计的 35kV 典型间隔"两层一网"结构示意图

案例：按照"两层一网"结构方案重新设计 500kV 某变电站、220kV 某变电和 110kV 某变电站，新方案设备数量明显减少，最多可减少交换机数量 81%，新旧方案设备数量对比如表 1-6 所示。

表 1-6 新旧方案设备数量对比

站名	设备名称	现有数量（台）	主流二次厂家 1 方案		主流二次厂家 2 方案	
			新方案数量（台）	减少百分比（%）	新方案数量（台）	减少百分比（%）
500kV某变电站	二次设备	264	127	52	118	55
	屏柜	101	54	47	48	52
	交换机	72	14	81	16	78
220kV某变电站	二次设备	156	75	52	59	62
	屏柜	51	20	61	29	43
	交换机	50	14	72	15	70
110kV某变电站	二次设备	72	50	31	50	31
	屏柜	15	11	27	11	27
	交换机	15	8	47	8	47

1.3.2 优化控制保护装置电压采集方式

（1）现状及需求。

1）部分 220kV 及以下电压等级智能变电站配置三相母线电压互感器，线路侧配置单相电压互感器。各间隔合并单元通过级联方式从母线合并单元采集母线电压。当母线合并单元故障时，与电压相关的保护功能将受到影响。

案例：220kV 某变电站，220、110kV 侧均采用双母线接线方式，尤其是 110kV 线路保护单套配置，在母线 TV 合并单元故障时，会造成所有线路间隔的距离保护、零序方向保护全部退出运行。变电站双母线接线电压互感器配置如图 1-12 所示。

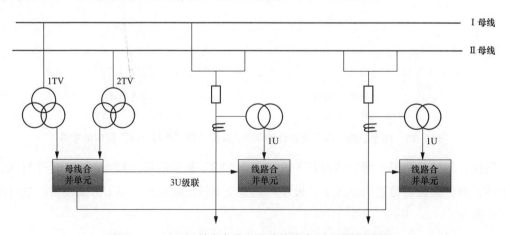

图 1-12 220kV 某变电站双母线接线电压互感器配置图

2）部分内桥接线无母线电压互感器，三相电压互感器安装于线路侧，母线合并单元电压取自线路侧。母线合并单元分列运行、Ⅰ母线强制Ⅱ母线、Ⅱ母线强制Ⅰ母线三个状态均需人为选取，无法自动切换，不能满足保护及安全自动装置的需求。

案例：110kV 某变电站为内桥接线，进线备自投装置动作后，110kV 二次电压全为零，保护、测控及备自投装置无法正常工作，需要手动切换母线电压。变电站内桥接线电压互感器配置如图 1-13 所示。

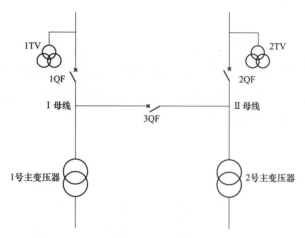

图 1-13　110kV 某变电站内桥接线电压互感器配置

3）扩大内桥接线，只配置Ⅰ母线和Ⅲ母线电压互感器及合并单元，三台主变压器各配置两套保护，分别从Ⅰ母线、Ⅲ母线合并单元取电压，任何一台电压合并单元检修，所有电压取自该合并单元的保护退出运行，扩大了检修影响范围。扩大内桥接线方式如图 1-14 所示。

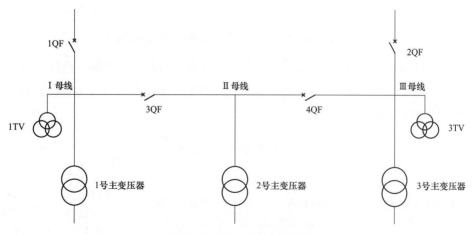

图 1-14　扩大内桥接线方式

4）需优化控制保护装置电压采集方式。优化后的控制保护装置电压采集方式与现有智能站电压采集方式比较，有以下优缺点，如表 1-7 所示。

表 1-7 优化控制保护装置电压采集方式前后优缺点对比

名称	现状	优化后
电压切换	手动切换	自动切换,状态切换准确快速,保护不会失压,避免人为因素出错
影响范围	三相电压级联接入线路间隔,母线电压互感器检修,影响范围广	三相电压取自本间隔,母线电压互感器检修,不影响控保装置主要功能,影响范围小
造价及占地	需配置线路电压互感器,造价高,占地多	无需独立配置线路电压互感器,降低造价,节省占地

(2)具体措施。

1)采用组合式电子互感器(electronic current & voltage transformer,ECVT),保护能够直接使用本间隔的三相电流、电压,避免了间隔保护功能对母线合并单元的依赖。使用电子式电流电压互感器时电压采集图如图 1-15 所示。

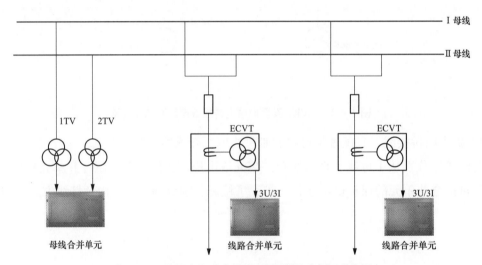

图 1-15 使用电子式电流电压互感器时电压采集图

2)内桥和扩大内桥接线方式下,完善母线合并单元内部电压切换、并列逻辑。通过接入断路器及电压互感器隔离开关位置实现电压自动切换,满足保护及安全自动装置需求。备自投自动投切策略表如表 1-8 所示。

表 1-8 备自投自动投切策略表

状态序号	把手状态		1QF	2QF	3QF	Ⅰ母线电压合并单元	
	Ⅱ母线强制用Ⅰ母线	Ⅰ母线强制用Ⅱ母线				Ⅰ母线的电压输出	Ⅱ母线的电压输出
1	0	0	1	1	X	Ⅰ母线	Ⅱ母线
2	0	0	0	0	X	0	0
3	0	0	1	0	1	Ⅰ母线	Ⅰ母线

状态序号	把手状态		1QF	2QF	3QF	Ⅰ母线电压合并单元	
	Ⅱ母线强制用Ⅰ母线	Ⅰ母线强制用Ⅱ母线				Ⅰ母线的电压输出	Ⅱ母线的电压输出
4	0	0	1	0	0	Ⅰ母线	0
5	0	0	0	1	1	Ⅱ母线	Ⅱ母线
6	0	0	0	1	0	0	Ⅱ母线
7	1	0	1	X	1	Ⅰ母线	Ⅰ母线
8	1	0	1	1	0	Ⅰ母线	Ⅱ母线
9	1	0	1	1	0	Ⅰ母线	0
10	0	1	X	1	1	Ⅱ母线	Ⅱ母线
11	0	1	1	1	0	Ⅰ母线	Ⅱ母线
12	0	1	0	1	0	0	Ⅱ母线

注1　把手位置为1表示该把手位于合位，为0表示该把手位于分位，X表示处于任何位置。

注2　当2个把手状态同时为1时，延迟1min以上报警"并列把手状态异常"。

注3　在"保持"逻辑情况下上电，按分列运行。

1.3.3　建立集中式站级控制保护系统

（1）现状及需求。

1）目前，智能站保护测控装置按间隔独立配置，不能充分实现信息共享，设备数量多，信息交互复杂，对网络依赖度高，维护工作量大。

案例1：220kV某变电站采用全站集中式保护测控配置模式，共配置有集中式保护测控装置12台，实现全站线路保护、母线保护、主变压器保护及相应测控功能，相比按间隔配置保护测控装置模式，虽大幅减少了装置数量，但仍存在对网络依赖度高的问题。220kV某变电站采用集中式保护测控模式如图1-16所示。

案例2：500kV某变电站母线保护与线路保护、主变压器保护、备自投等多间隔设备交互信息，采用组网传输，交换机故障或网络通信异常，将对上述所有保护造成影响，如图1-17所示。

案例3：小电流接地选线装置需接入各间隔零序电流、零序电压，无法利用信息共享获取已有的采样数据，造成同一数据多回路重复采集，二次回路复杂。零序电流、零序电压重复采集如图1-18所示。

案例4：不同电压等级备自投缺乏信息交互，不利于级差配合，延长备自投动作时间。110kV某变电站内110、10kV侧均为单母线分段接线方式，110kV侧配置进线备自投，10kV侧配置分段备自投。主变压器故障时，低压分段备自投延时按照躲过高压侧进线备自投动作时间整定，丧失了快速自投的优势。备自投配置示意图如图1-19所示。

2）智能站站域保护虽然实现了全站信息的集中采集，但未充分利用，仅将多个间隔保护功能进行简单集成，必要性不强。

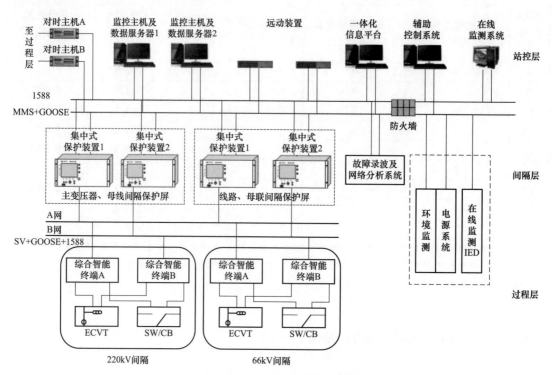

图 1-16　220kV 某变电站采用集中式保护测控模式

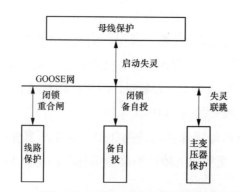

图 1-17　110kV 某变电站母线保护功能对网络依赖度高

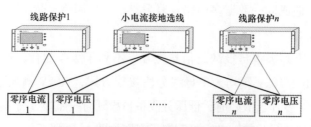

图 1-18　零序电流、零序电压重复采集

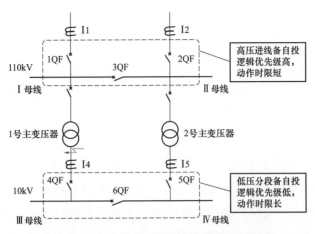

图 1-19　110kV 某变电站备自投配置示意图

案例：220kV 某变电站站域保护集成了线路保护、母联保护、失灵保护及备自投等功能，其中线路、母联保护功能与间隔保护功能重复，如图 1-20 所示。

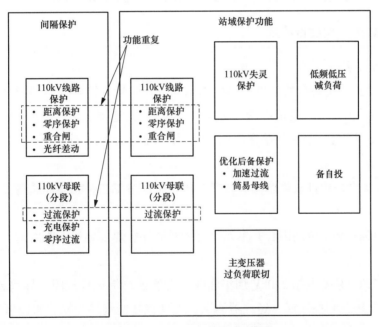

图 1-20　站域保护部分功能重复

3）需采用集中式站级控制保护系统。以 110kV 某变电站为例，采用集中式站级控制保护系统后装置数量明显减少，采用集中式站级控制保护系统前后优缺点对比如表 1-9 所示。

表 1-9　　　　　　　　　采用集中式站级控制保护系统前后优缺点对比

名称	现状	提升后
保护（台）	48	3
交换机（台）	15	2

续表

名称	现状	提升后
保护屏柜（面）	6	3
运维便利性	维护设备多，工作量大	设备数量大幅减少，维护工作量小

（2）具体措施。

研制站级控制、站级保护取代现有站域保护，站级控制、保护系统集成保护、测控、安全控制等功能，设备数量减少，充分利用共享信息实现功能最优配置。

1）220kV 电压等级站级保护集成主变压器、母线等跨间隔保护功能，站级控制集成全站联闭锁功能，站级保护及站级控制均双套冗余配置，采用直采直跳模式。

2）110kV 及以下电压等级采用站级控制保护一体化系统，取消间隔独立保护、测控装置。站级控制保护系统双套冗余配置，利用跨间隔信息集成全站控制、主变压器保护、母线保护、小电流接地选线保护及原有站域保护功能，采用直采直跳模式。

1.3.4　提升智能二次设备质量

（1）现状及需求。

智能二次设备是实现全站信息数字化的基础，其质量直接影响电网安全稳定运行。目前，部分厂家的合并单元、智能终端、交换机、电子式互感器、保护装置、时间同步装置等设备存在硬件故障率高、软件缺陷多等质量问题，增加了运检人员负担，并多次造成保护不正确动作。

1）智能二次设备硬件故障率高。智能二次设备制造工艺、元器件质量参差不齐，多次造成装置故障。

案例 1：110kV 某变电站因合并单元交流采样插件虚焊，导致采集出错，引起 B 套差动保护误动作。

案例 2：750kV 某变电站 220kV 烟华庙线 A 套智能终端插件故障，导致装置 GOOSE 网络断链，影响保护、测控功能。经仪器测试，发现该智能终端光模块眼图区域散点分布明显，与正常插件的眼图存在较大差异。

案例 3：2016 年 10 月 8 日，220kV 某变电站 2 号主变压器低压侧 A 套合并单元硬件自检出错，电流、电压采样中断 20s，导致 2 号主变压器保护闭锁，如图 1–21 所示。

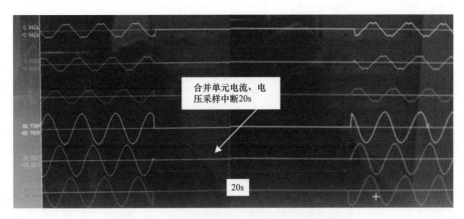

图 1-21 合并单元硬件自检错误导致采样中断

案例 4：2013 年 4 月 22 日，330kV 某变电站合并单元装置故障，2 号主变压器无负荷情况下合并单元 B 相电流输出 56A，如图 1-22 所示。

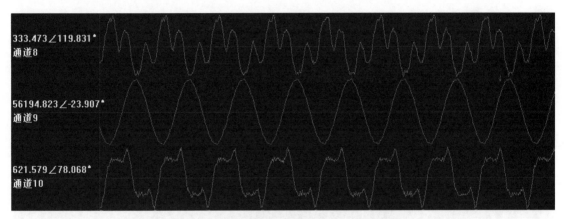

图 1-22 330kV 某变电站合并单元输出异常波形

案例 5：220kV 某变电站交换机投运 6 个月内故障 3 台。500kV 某变电站 107 交换机的光增益模块芯片存在家族性缺陷，导致保护及自动化装置频发 GOOSE/SV 断链告警，如图 1-23 所示。

图 1-23 交换机告警

案例 6：220kV 某变电站电子式互感器采集卡出现 58 次故障，多次造成一次设备陪停。220kV 某变电站电子式互感器投运 3 个月以来发生 3 起二次回路及板卡故障，电子式互感器故障调研统计如表 1-10 所示。

表 1-10 220kV 某变电站电子式互感器故障调研统计表

序号	故障时间	故障现象	故障原因
1	2016 年 3 月 30 日	瑞互 01TV 合并单元采样异常，SV 回路告警	瑞互 01TV 光接头接触不良
2	2016 年 4 月 1 日	瑞 2 号主变压器 B 套合并单元采样异常，SV 回路告警	瑞 225 开关 TA 光接头接触不良
3	2016 年 6 月 24 日	母联瑞 227 开关发"合并单元告警"	瑞 227 开关 TA 终端采样器异常

案例 7：220kV 某变电站时间同步系统因搜星能力差，导致时钟失步，网络采样装置告警频发。

2）智能二次设备软件缺陷多。智能二次设备软件设计存在缺陷，多次造成保护不正确动作。

案例 1：2013 年 10 月 26 日，500kV 某变电站中官 Ⅱ 线间隔合并单元因软件问题导致电流采样不同步，造成 2 号主变压器保护、220kV 母线保护、中官 Ⅱ 线线路保护动作跳闸，220kV 北母线失压，如图 1-24 所示。

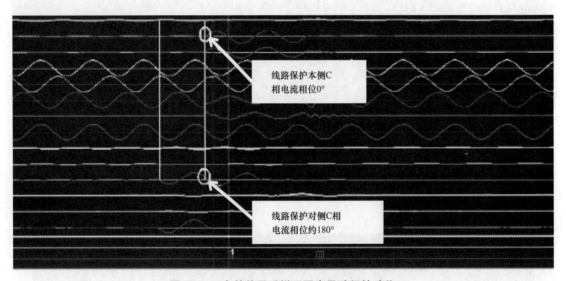

图 1-24 合并单元采样不同步导致保护动作

案例 2：2016 年 6 月 27 日，220kV 某变电站在进行倒闸操作时，发现合并单元面板隔离开关位置与现场不一致，影响电压切换。原因是装置 CAN 网通信软件存在缺陷，无法正确处理 GOOSE 报文，如图 1-25 所示。

经统计，软件设计缺陷案例共发生 5 次，软件设计缺陷案例统计如表 1-11 所示。

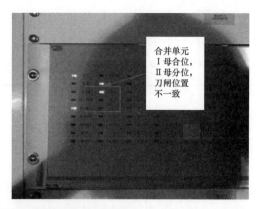

图 1-25 倒闸操作后合并单元隔离开关位置与现场不一致

表 1-11 软件设计缺陷案例统计

序号	时间	缺陷描述
1	2016 年	某型号智能变电站主变压器保护报告文件存储机制不当，文件报告占用内存无法释放，导致 CPU 因内存不足频繁复位，存在保护拒动风险
2	2016 年	某厂家智能变电站线路保护、变压器保护、断路器保护、母线保护、过电压及远跳、电抗器保护、备自投、低压保护等 8 类 43 种型号装置通信程序缓冲区数据共享保护机制不完善，存在装置不正确动作的隐患
3	2016 年	某厂家部分二次装置的 GOOSE 插件，存在偶发性内部 CAN 通信中断问题，可能导致装置闭锁
4	2017 年	某型号断路器保护，存在开入异常变位导致重合闸功能失效和失灵跟跳误动风险
5	2017 年	某型号线路保护装置存在软件设计缺陷，可能造成距离 I 段快速段参数初始化赋值错误，存在装置不正确动作的隐患

需提升智能二次设备质量。提高设备可靠性，降低运维、售后成本。

（2）具体措施。

1）生产制造阶段，严格原材料选型认证流程，使用可靠稳定的元器件。完善标准电路、信号完整性设计，加强功能测试及电磁兼容测试，确保产品功能的完整性、可靠性和抗干扰能力。采用机器焊接工艺，保证焊接的一致性和可靠性。产品质量控制流程如图 1-26 所示。

2）物资采购阶段，严格管控进网设备质量，采用检测合格产品。

3）试验调试阶段，完善试验方法，消除设备缺陷，零缺陷移交。

4）基建验收阶段，严格执行验收标准，重点核查设备是否符合入网检测标准。

5）设备运行阶段，开展设备巡视和隐患排查工作，及时发现设备隐患。

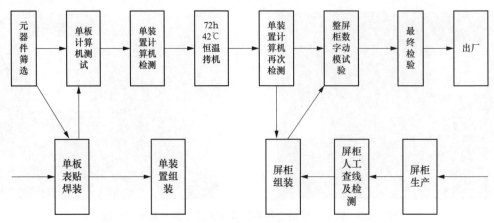

图 1-26　产品质量控制流程

1.3.5　提升二次回路施工质量

（1）现状及需求。

智能变电站相对于常规变电站，施工工艺质量要求高。但目前智能变电站在施工建设过程中存在二次接地不符合反措要求、熔纤工艺不精细、光纤回路布置杂乱、回路标识模糊、备用芯数量不足、部分光纤头无防护措施等问题，给后期运检工作埋下隐患。具体案例如下。

案例 1：220kV 某变电站二次电压回路未接地，装置外壳未接地，分别如图 1-27、图 1-28 所示。

图 1-27　二次电压回路未接地

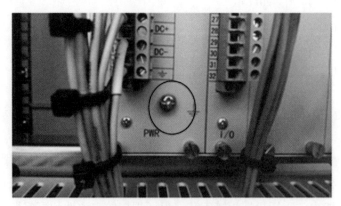

图 1-28　装置外壳未接地

案例 2：220kV 某变电站由于光纤熔接工艺不良、光衰过大，造成"远端模块异常""光强异常"告警，多套保护装置闭锁，如图 1-29 所示。

（2）具体措施。

1）按照《国家电网公司十八项电网重大反事故措施》要求，规范装置外壳、二次回路、电缆屏蔽层接地和等电位接地铜排设置。

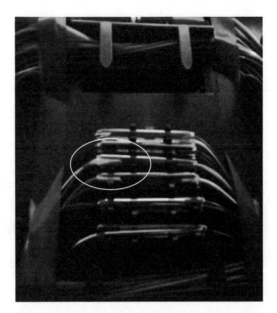

图 1-29　220kV 某变电站光纤熔接工艺不良，光衰过大

2）采用预制电缆航空插头，通过标准化接口实现"即插即用"，简化二次电缆接线，提高工作效率，同时缩减安装空间，避免剐蹭光纤，预制电缆、航空插头如图 1-30 所示。

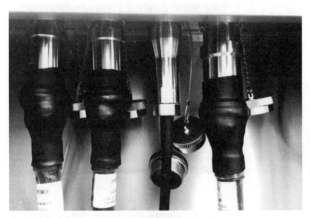

(a) 预制电缆　　　　　　　　　　　　　　　　　　(b) 航空插头

图 1-30　预制电缆、航空插头

3）采用预制光缆、光端子排技术，优化光纤配线方式，抵消环境温湿度及粉尘对光纤熔接的影响，实现变电站光纤回路"即插即用"，有效提高智能变电站光缆应用的质量与效率，预制光缆如图 1-31 所示，光端子排如图 1-32 所示。

采用预制光缆、电缆后，与传统智能变电站二次光缆、电缆相比优缺点及效益对比如表 1-12 所示。

表 1-12   采用预制光缆、电缆前后优缺点及效益对比

名称	现状	提升后
安装方式	现场熔接、接线，工艺复杂	插拔式安装，简单快捷
人员需求	需经过专业培训	无特殊需求
设备需求	使用专用熔接机、热风枪等专业工具	无特殊需求
施工周期	工期较长，效率低下	工期大幅缩短，效率高
传输质量	屏内光纤、电缆连接质量受人员、设备、材料、环境、粉尘等影响，质量不可控	工厂预制、材料最优匹配、出厂前检验，质量稳定可靠
维护工作	不利于维护检修	实现模块化管理，便于维护
辅助材料	使用光配盒和端子排，配件多，柜内安置不灵活	可取消光配盒，减少端子排，节省空间

4）光纤回路与动力电缆分层布置，静态弯曲直径不小于 100mm，采用软质材料固定且不应过紧，保证光缆不会松散、交错，扎线拆除后各光缆易于分离，整理前后光纤布置情况如图 1-33、图 1-34 所示。

图 1-31 预制光缆

图 1-32 光端子排

图 1-33 光纤布置杂乱

图 1-34 光纤整齐规范

5）每根光缆中备用芯不少于 20%，最少不低于 2 芯，且均应制作好光纤头并安装好防护帽，标识齐全，110kV 某变电站备用光纤无防尘措施如图 1-35 所示。

图 1-35　110kV 某变电站备用光纤无防尘措施

6）光纤标识内容应包含本侧、对侧接线信息和光纤主要用途。光纤有无标签如图 1-36、图 1-37 所示。

图 1-36　光纤标签规范

图 1-37　光纤无标签

7）严格执行验收细则，保证充足的验收时间，提高运维单位对基建工艺质量的话语权。

1.3.6　提升设备厂家统一性

（1）现状及需求。

目前，智能变电站二次设备厂家众多，设备接口繁杂，运维难度大。同一智能变电站内二次设备厂家最多达 10 余家，各种调试配置工具多达 20 余种。不同厂家对标准执行不统一，报文格式、连接片定义等各不相同。一方面，造成现场人员难以全面掌握运维检修技能，对厂家依赖程度高；另一方面，在故障处理、程序升级、技术改造时需要多厂家现场配合，协调难度大。智能变电站二次设备配置工具列表如表 1-13 所示。

表 1-13　　　　　　　　　智能变电站二次设备配置工具列表

序号	厂家	组态工具	调试工具
1	厂家 A	PCS-SCD.exe	Serial.exe、Pcs-pc5.exe
2	厂家 B	Configuration.exe	Cspc.exe、JFZManager.exe、Csd600_smarttools.exe、Csc200AMT.exe
3	厂家 C	VSCL61850.exe	SGView.exe、Update_Tool.exe
4	厂家 D	NARI Configuration Tool.exe	arpTools.exe
5	厂家 F	Scd Configuration.exe	Icd Configuration.exe
6	厂家 G	Scdtool.exe	TIViewer.exe
7	第三方	kemov-scdtool.exe、Wireshark.exe、FlashFXP.exe	

案例 1：110kV 某变电站二次设备厂家数量多达 12 个，仅主变压器间隔二次设备就由 4 个不同厂家组成，当发生异常或故障时厂家责任界面不清、协调困难，影响消缺进度。

案例 2：110kV 某变电站 2 号主变压器扩建时，由于Ⅰ、Ⅱ期设备厂家不同，造成Ⅰ期的 10kV 备自投装置、馈线保护与Ⅱ期的 2 号主变压器智能终端无法通信，厂家对 10kV 备自投装置进行了 4 次软件升级，严重耽误了送电工期。经统计，共发生类似案例 4 次。智能变电站二次设备厂家多造成的问题案例如表 1-14 所示。

表 1-14　　　　　　　　　智能变电站二次设备厂家多造成的问题案例

序号	问题描述
1	220kV 某变电站两套不同厂家的保护装置在重合闸配合上存在问题，导致其中一套保护重合闸不动作
2	220kV 某变电站主变压器保护与 220kV 母线保护厂家不一致，导致失灵联跳功能无法配合
3	110kV 某变电站监控系统与主变压器保护厂家不一致，导致监控后台与保护装置存在通信配合问题，导致后台频繁报"1 号变压器差动保护装置通信中断"
4	110kV 某变电站监控后台与线路智能终端、合并单元、保护装置分属不同厂家，施工配合烦琐，调试费时费力，延误工期 1 个月

需提高二次系统整体集成性。提高二次系统整体集成性后，与现有智能变电站比较，优缺点如表 1-15 所示。

表 1–15　　　　　　　　　　　　二次系统集成前后优缺点对比

名称	现状	提升后
厂家数量	通常 7～8 家，最多达 12 家	全站测控，电流、电压采集等主要二次设备由同一厂家完成
调试配置工具数量	20 多种	3～4 种
调试效率	协调难度大，调试项目多，周期长	调试由主要厂家完成，协调难度小，调试项目少，周期短
故障处理效率	故障处理对厂家依赖程度高，时效性低	运检人员可独立或在厂家指导下完成故障处理，效率高
运维便利性	运维人员需掌握多厂家设备操作、维护及检修方法，对人员技能水平要求高，成长周期长	厂家提供统一的操作、维护、检修方法及调试配置工具，检修维护工作便利，人员成长快，调试周期可缩短20% 以上
入网设备质量	技术门槛低，不同厂家产品质量参差不齐	技术门槛高，厂家具有成套生产及集成能力，设备质量可靠
设计方面	设计院完成二次系统设计，集成商提供 SCD（substation configuration description）文件	集成商承担集成系统内的设计
后期改扩建	涉及多厂家到现场完成配置工作，协调难度大，陪停设备多，母线保护调试验证不全面	配置工作由一个厂家完成，陪停设备少，母线保护仅需对增加间隔进行传动验证

（2）具体措施。

1）集成供货。优化智能变电站二次设备采购方案，采用"二次系统集成供货"方式，同一站内主要二次设备由同一厂家供货，减少不同厂家间协调配合，提高系统整体集成性。

2）统一配置工具、人机界面，降低维护难度，减少对厂家的依赖。

1.3.7　提升信息模型统一性

（1）现状及需求。

目前，智能变电站二次设备信息建模指导性标准不够具体，导致不同厂家、不同设备信息模型风格各异，虚端子数量和描述不统一，容易因理解偏差导致虚端子连线错误，信息模型的分层结构如图 1–38 所示。

案例：厂家 A 和厂家 B 对时钟管理信息的建模在逻辑节点名称、数据对象描述、数据对象顺序等方面均不一致，如图 1–39 所示。

需统一信息模型。统一信息模型后，能够彻底解决不同厂家设备间通信互联问题，缩短调试周期，杜绝因理解不一致造成的虚端子连线错误。

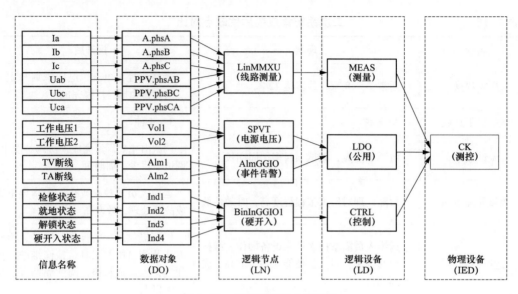

图 1-38 信息模型的分层结构

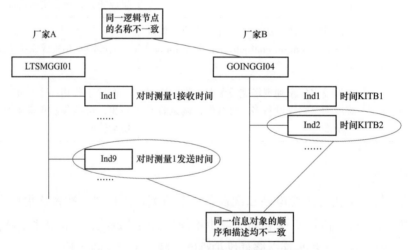

图 1-39 厂家 A 和厂家 B 信息模型不统一

（2）具体措施。

完善设备建模标准，规范逻辑设备、逻辑节点、数据对象、数据属性和数据集的信息建模，杜绝各厂家因理解不一致造成的模型差异。

1.3.8 提升智能二次设备接口统一性

（1）现状及需求。

目前智能二次设备的光纤接口有 ST、FC、SC、LC 等多种类型，且功能定义不统一，现场作业时不仅需要准备对应的尾纤及法兰，还需查阅图纸确认光口功能，降低了工作效率。此外，部分光纤接口模块不具备"即插即用"特性，检修更换不够灵活，如图 1-40、图

1—41 所示。

需统一智能二次设备接口。统一智能二次设备接口后，与现有智能站比较，优缺点如表 1—16 所示。

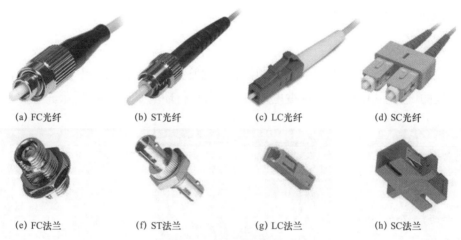

(a) FC光纤　　　(b) ST光纤　　　(c) LC光纤　　　(d) SC光纤

(e) FC法兰　　　(f) ST法兰　　　(g) LC法兰　　　(h) SC法兰

图 1—40　维护调试工作需要准备多种形式的光纤及法兰

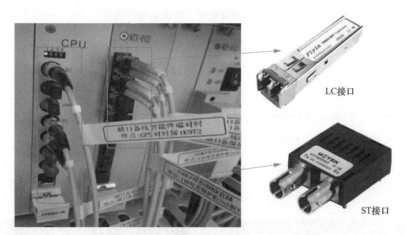

LC接口

ST接口

图 1—41　智能终端光纤接口不统一

表 1—16　　　　　　　　　　　统一智能二次设备接口前后优缺点对比

名称	现状	提升后
接口类型	4 种	1～2 种
接口功能定义	不统一，厂家按照自己的习惯定义插件光口功能	插件光口功能定义统一
检修便利性	部分光口模块损坏需要更换插件	光口模块具备"即插即用"特性，可节省检修时间约 10%

（2）具体措施。

综合考虑光纤接口的传输效率、机械性能与易用性，统一智能二次设备光纤接口类型及光口功能定义，采用"即插即用"的光纤接口模块，提升检修效率。

1.3.9 改善二次设备运行环境

（1）现状及需求。

智能变电站二次设备有户外智能控制柜、预制舱和室内三种运行环境，据调研反馈均存在不同程度的设备环境问题，智能变电站二次设备运行环境如图1-42所示。

（a）智能控制柜　　　　　　　（b）预制舱　　　　　　　（c）室内

图1-42　智能变电站二次设备运行环境

1）恶劣天气对户外智能电子设备影响大。合并单元、智能终端及部分保护装置就地布置于智能控制柜内，极寒、极热天气时，柜内环境温度超过设备耐受范围，雨季易进水受潮，风沙地区易出现柜内积灰，引起设备故障、绝缘降低、寿命缩短。

案例1：500kV某变电站在冬季低温环境下，智能控制柜内空调出风口结冰，造成柜内电子设备长期工作在较低温度环境下，影响电子器件性能，如图1-43所示。

案例2：220kV某变电站智能控制柜使用热交换器控温，夏季高温时柜内部分插件温度高达101℃，导致电子元件老化加速，运行不稳定，如图1-44所示。

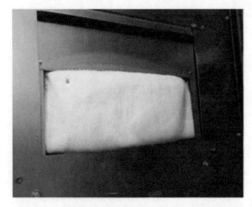 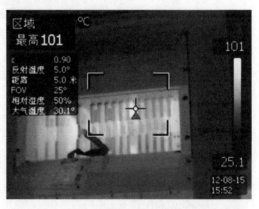

图1-43　500kV某变电站智能控制柜空调出　　　图1-44　220kV某变电站智能柜内插件温度
　　　　　　　　风口结冰　　　　　　　　　　　　　　　　　　　高达101℃

案例 3：220kV 某变电站，智能控制柜密封、驱潮效果不佳，梅雨季节柜内出现凝露，导致二次电缆绝缘层发霉，如图 1-45 所示。

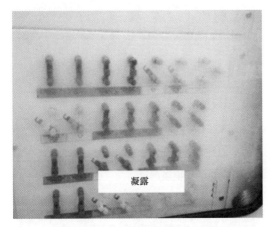

(a) 控制柜内凝露

(b) 控制柜内发霉

图 1-45　220kV 某变电站智能控制柜内电缆发霉

案例 4：500kV 某变电站智能控制柜密封不严，导致柜内进水，柜底金属材料锈蚀严重，如图 1-46 所示。

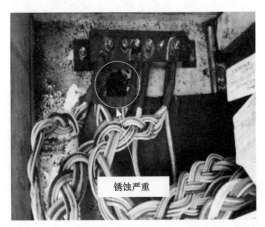

(a) 控制柜锈蚀严重

(b) 控制柜内进水严重

图 1-46　500kV 某变电站智能控制柜密封不严

案例 5：220kV 某变电站交换机积灰严重，影响交换机散热和光纤头寿命，降低了网络可靠性，如图 1-47 所示。

2）屏柜散热能力不足。部分屏柜空间狭小、无风扇，屏柜选型不满足散热要求，500kV 某变电站无风扇型屏柜内变换机红外测温图如图 1-48 所示。

3）温湿度控制设备监视缺失。部分智能控制柜热交换器的告警触点未接入监控系统，若发生故障，设备将无法自动告警，给柜内设备埋下隐患，如图 1-49 所示。

(a) 交换机积灰严重

(b) 合并单元积灰严重

图 1-47　220kV 某变电站交换机、合并单元积灰严重

(a) 无风扇型屏柜

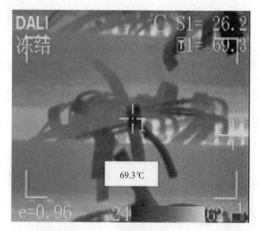

(b) 红外测温图

图 1-48　500kV 某变电站无风扇型屏柜内交换机红外测温图

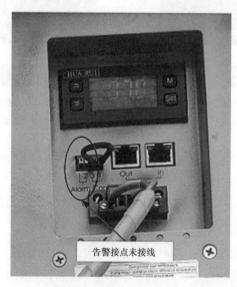

图 1-49　110kV 某变电站智能控制柜热交换器告警未接入监控

需采取措施改善二次设备运行环境。二次设备集中安装于具有完善温湿度控制功能的小室后，运行环境将明显改善，设备寿命延长，故障率降低，大幅减少户外分散布置的空调、热交换器、加热器等设备维护工作量，降低运维成本。改善二次设备运行环境前后优缺点对比如表 1-17 所示。

表 1-17　　　　　　　　改善二次设备运行环境前后优缺点对比

名称	现状	提升后
安装方式	户外智能控制柜安装	集中小室安装
运维便利性	户外智能电子设备故障率高，运维工作量大	无环境问题诱发的设备故障

（2）具体措施。

1）二次设备统一室内布置。将户外智能二次设备集中移入小室内，合理配置小室温湿度控制设备，满足电子设备正常工作的环境要求，完善温湿度控制设备监视功能，智能电子设备运行环境图如图 1-50 所示。

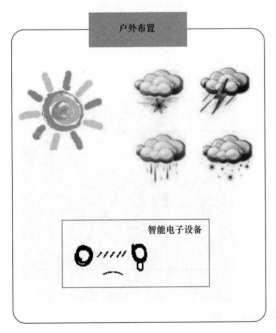

图 1-50　智能电子设备运行环境图

2）增强屏柜环境控制能力。依据二次设备发热量进行屏柜选型，合理设计屏内设备安装布置方式，增大散热空间，必要时增加风扇，如图 1-51 所示。

(a) 带风扇型屏柜

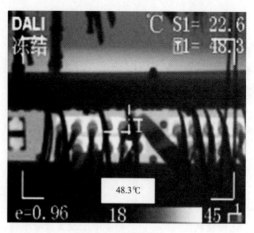

(b) 红外测温图

图 1-51　500kV 某变电站交换机屏柜带风扇后温度降低

1.3.10　改善现场二次作业条件

（1）现状及需求。

1）恶劣天气户外作业不便。智能汇控柜未考虑雨雪、沙尘、强风、强光等恶劣天气条件下的室外作业，不便开展运维检修工作。

案例 1：雨雪天气进行户外紧急缺陷处理时，检修人员不得不违反安规在现场搭建简易避雨棚或使用雨伞，耗费人力，设备检修困难，如图 1-52 所示。

图 1-52　雨天户外作业不便

案例 2：110kV 某变电站在智能控制柜顶部自行设计加装了不锈钢雨帽，但避雨效果依然欠佳，如图 1-53 所示。

案例 3：110kV 某变电站白天强光条件下，就地化保护液晶反光、显示模糊，影响日常运维检修，如图 1-54 所示。

图 1-53　110kV 某变电站
增加不锈钢雨帽

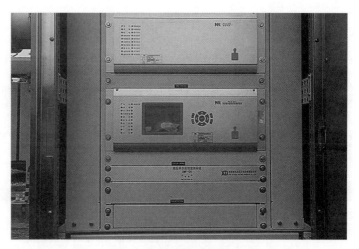

图 1-54　110kV 某变电站液晶屏室外反光显示不清

2）智能控制柜内空间狭小、设备多，布线密集杂乱，易引起光纤折断，不利于柜内设备的更换及维护。

案例：110kV 某变电站主变压器保护屏内光纤、电缆布置于同一槽盒中，导致光纤受电缆挤压而损坏，如图 1-55、图 1-56 所示。

图 1-55　110kV 某变电站光纤折断

(a) 220kV 某变电站　　　　　　　　(b) 110kV 某变电站

图 1-56　屏柜内布线杂乱

3）智能变电站过分节省占地，设备布置密集，检修通道狭窄，生产生活设施不满足日常运维要求。

案例 1：220kV 某变电站二次设备屏柜与一次设备预留空间设计不合理，导致运维检修时无法正常开关柜门，如图 1-57 所示。

一次设备距离过近，挤占检修空间

智能控制柜柜门，无法开启

图 1-57　二次设备屏柜位置与一次设备距离过近

案例 2：110kV 某变电站预制舱内的监控后台主机、显示器及调度电话集中布置在同一狭小屏柜内，运行人员工作极不方便，如图 1-58 所示。

案例 3：110kV 某变电站未设计卫生间，极不人性化，如图 1-59 所示。

案例 4：220kV 某变电站预制舱内调度电话周围有服务器、空调等设备，运行时噪声较大，接调度电话时需先手动关闭预制舱空调，如图 1-60 所示。

案例 5：220kV 某变电站预制舱内屏柜双列布置，过道仅 0.6m 宽，检修空间狭窄，如图 1-61 所示。

需改善现场二次作业条件。改善现场二次作业条件后，运检工作不受天气环境影响，便利性强、效率高，作业环境更加人性化，降低基本生活设施不足对作业人员身体状态和情绪的影响，避免人为责任事故的发生。

监控显示器　　调度电话

图 1-58　110kV 某变电站运行操作不便

图 1-59　110kV 某变电站
使用移动式卫生间

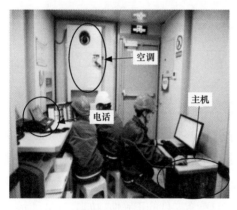

空调

电话　　主机

图 1-60　220kV 某变电站主控桌布置在
狭小的预制舱内

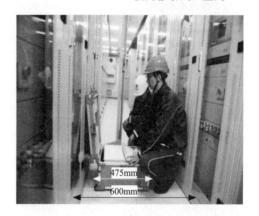

475mm

600mm

图 1-61　220kV 某变电站预制舱通道狭窄

（2）具体措施。

将户外智能二次设备集中移入小室内，优化设备组屏设计，拓宽检修通道，合理布置屏位，提高工作区域人性化程度，增添卫生间、休息室、备餐间等生活设施，如图 1-62 所示。

集中小室

生活区　工作区　设备区

图 1-62　室内增加人员生活设施

1.3.11 优化程序配置方式

（1）现状及需求。

智能变电站使用单一 SCD 文件描述全站配置，涵盖全部信息模型、智能电子设备（intelligent electronic device，IED）的实例化配置、通信参数及虚端子连线，信息高度耦合，直接关系继电保护及测控装置的正常运行，影响范围广。SCD 文件高度耦合情况如图 1-63 所示。

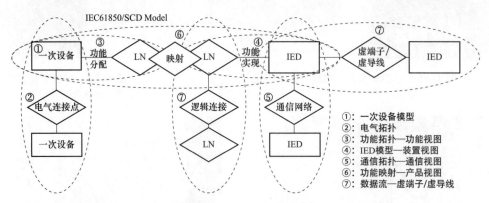

图 1-63 SCD 文件高度耦合

SCD 文件的任意改动，均需重新导出全站设备的装置配置文件（configured IED description，CID），扩大了 SCD 文件修改的影响范围。以扩建一个间隔为例，需导入扩建设备的模型文件（IED capability description，ICD），配置生成新的 SCD 文件，由于无法保证原有设备 CID 文件与新导出 CID 文件的一致性，需要重新验证配置文件的正确性，如图 1-64 所示。

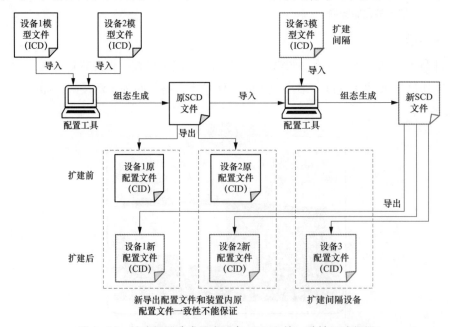

图 1-64 扩建间隔造成原有设备 CID 文件一致性无法保证

案例 1：220kV 某变电站一台智能终端 CID 文件修改后，未进行传动验证，当线路发生 C 相瞬时接地故障时，引起断路器 A 相误跳闸，如图 1-65 所示。

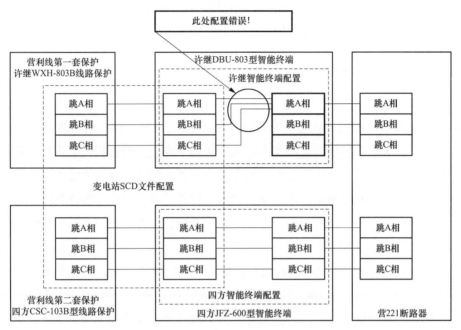

图 1-65　220kV 某变电站智能终端 CID 文件错误导致误跳闸

案例 2：500kV 某变电站扩建 220kV 间隔，需修改母线保护配置文件，该文件涉及其他间隔，可能误修改运行设备，且受停电制约，难以进行全站整组传动试验，SCD 解耦效果示意图如图 1-66 所示。

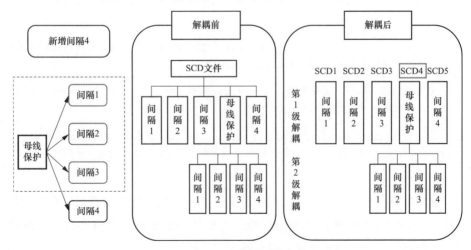

图 1-66　SCD 解耦效果示意图

需解耦 SCD 文件。解耦 SCD 文件后，改扩建时仅需对新增部分的配置文件修改，避免文件整体改动，能够缩小验证范围，减少陪停设备。

（2）具体措施。

开展 SCD 文件解耦方式研究，将一个庞大的 SCD 文件按照业务和间隔解耦，拆分成若干独立小文件，实现单个设备独立配置、测试和管理，新增设备的配置修改不影响原有设备，降低误改配置的可能性，便于维护。

1.3.12　集中管控配置文件、程序版本

（1）现状及需求。

目前，智能变电站的配置文件、程序版本管理混乱，缺乏有效的查找途径。配置文件主要由二次设备厂家配置和维护，厂家人员水平参差不齐、安全意识差，现场调试过程中普遍存在边调边改、随意修改、使用个人笔记本进行配置下装等乱象，无法保证文件的唯一性和正确性。投运后的配置文件通常由运维单位人工保管，容易出现文件丢失、损坏、新旧版本难以区分等问题。另外，合并单元、智能终端、测控装置等二次设备的程序版本未规范管理，可能出现错装程序的情况。

案例：110kV 某变电站 SCD 备份文件存储在个人 U 盘内，无固定存储地点；500kV 某变电站于 2017 年 1 月进行了 220kV 线路间隔的扩建，但站内备份的 SCD 文件仍为 2015 年 9 月的版本，未及时进行更新和归档。经统计，发生因配置文件管理不当导致的事件 4 起，如表 1-18 所示。

表 1-18　　　　　　　　　　　　　SCD 文件管理不当导致的事件

序号	案例描述
1	2017 年 3 月，220kV 某变电站由于 SCD 文件版本错误，遗漏 110kV 母差保护的模型文件，导致母差保护通信中断
2	2014 年 12 月，110kV 某变电站由于厂家私自修改 SCD 文件，且未及时通知现场验收人员，导致 1 号主变压器投运时 701 开关电流采样为零
3	2015 年 4 月，110kV 某变电站由于 SCD 文件版本错误，SCD 配置文件与现场的虚端子连接不符，导致保护传动试验时无法正确动作
4	2015 年 11 月，110kV 某变电站由于厂家导入 SCD 文件版本不正确，导致 10kV 三段母线故障时，1 号主变压器低一分支后备保护动作跳 10kV 母联 130 开关失败，全站失电

需集中管控配置文件、程序版本。对配置文件和程序版本集中管控后，在扩建增容、运维定检、故障处理时，能迅速准确地通过唯一人机接口获取配置文件和程序，解决文件丢失、损坏、新旧版本混淆等问题，提高安全性和工作效率。

（2）具体措施。

1）建立配置文件和程序版本集中式管控平台，纳入运行设备管理，作为管控的唯一人机接口，±500kV 某换流站使用 VSS 软件作为程序管理唯一人机接口，如图 1-67 所示。

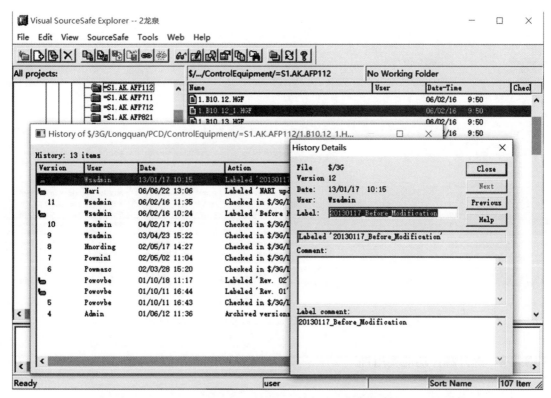

图 1-67　±500kV 某换流站使用 VSS 软件作为程序管理唯一人机接口

2）制订管理细则，规范配置文件全过程管控流程。在投运前由建设单位将经过传动验证的配置文件正式移交运维单位，责任可追溯。运维期间，修改和装载严格执行审批手续，保证全寿命周期内文件版本的正确性。直流换流站建立的完善的软件管理流程如图 1-68 所示，国家电网高压直流工程软件修改管理平台如图 1-69 所示。

换流站直流控制保护软件修改工作联系单

申请单位:灵宝换流站　　　　　　　　　　　日期: 2013.06.06

直流工程名称	换流站名称	联系单编号
灵宝背靠背直流工程	灵宝换流站	LXD-LB-13007
修改软件类型	保护	
修改内容	取消单元 I 直流保护中潮流反转保护功能	
修改原因	单元 I 直流保护中潮流反转保护未按规程取消	
需修改的软件页面	PCP\MAIN_CPU\Protection\POLEPR\RPDP	
修改软件所涉及主机名称	PCP	
省(市)电力公司生产主管部门意见	同意 审批人:(×××) 日期:2013-06-14	
运行公司意见	同意 审批人:(×××) 日期:2013-06-14	
中国电力科学研究院结论	同意 审批人:(×××) 日期:2013-06-16	
软件管理部门意见	同意 审批人:(×××) 日期:2013-06-17	
软件修改执行情况	已执行 审批人:(×××) 日期:2013-06-29	

国家电网公司部门文件

调继〔2009〕167 号

关于印发《换流站直流控制
保护软件管理规定》的通知

华中电网公司、西北电网公司、东北电网公司、上海电力公司、江苏电力公司、湖北电力公司、四川电力公司、辽宁电力公司、黑龙江电力公司、青海电力公司、西藏电力公司、国网运行公司、国网直流建设公司、中国电科院:

按照公司关于换流站属地化管理的要求，葛洲坝、龙泉、江陵、政平、南桥等换流站的运行维护属地调整交接工作已经完成。为进一步规范换流站直流控制保护软件修改流程，国调中心会同生产技术部根据换流站属地化管理的具体情况，对《换流站直流控制保护软件管理规定》进行了修订，现予印发，请各单位遵照执行。

图 1-68　直流换流站建立的完善的软件管理流程

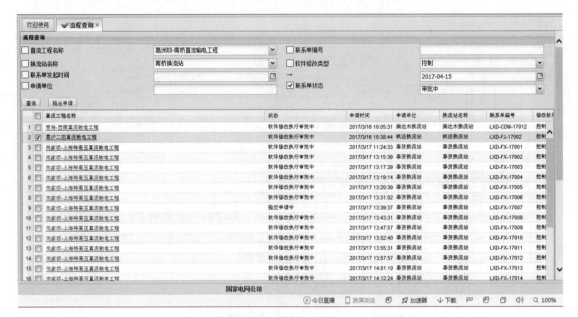

图 1-69　国家电网高压直流工程软件修改管理平台

1.3.13　提升顺控功能实用性

（1）现状及需求。

智能变电站顺控功能不完善、扩展性差，不同厂家间逻辑、界面差异大，典型票维护调试复杂，设备状态"双确认"判据不全面，人工干预环节多，难以发挥顺控功能的便捷性。部分单位对顺控操作的安全性存在顾虑，顺控调试、验收及运维制度不健全，限制了顺控功能的大规模应用推广。

需提高顺控功能实用性。提高顺控功能实用性后，可大幅提升操作的安全性和效率，降低运行维护成本。

（2）具体措施。

1）优化顺控程序，按操作对象设置独立的顺控功能模块，拓展操作票图形化编辑新模式，实现各种操作项目的自由组合和灵活封装，顺控典型操作票图形化编辑如图 1-70 所示。

2）配合开关类设备攻关组开展"遥信＋行程开关""遥信＋压力传感""遥信＋图像识别"等一次设备分合闸位置自动判别技术的研究，解决设备状态"双确认"问题。

3）完善顺控功能实用化技术标准，统一厂家间顺控程序界面及操作流程。

4）健全管理制度，明确运检、基建、调度、安监等部门的职责界面，深入推进一、二次设备远方操作和"一键式"顺控。

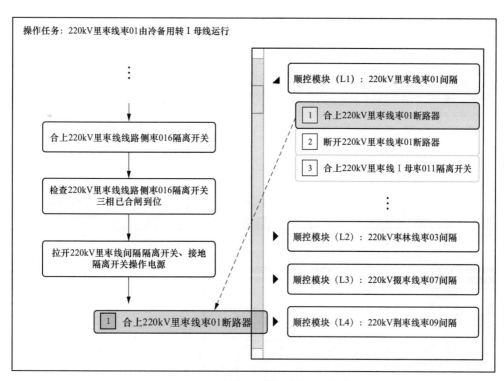

图 1-70 顺控典型操作票图形化编辑

1.3.14 软件逻辑状态可视化

（1）现状及需求。

与常规变电站相比，智能变电站用光纤替代电缆，用网络传递数据，二次系统信息体现在配置文件中，类似"黑匣子"。目前仅能查看 SCD 文件的虚端子回路，无法体现该信号中间传输的物理路径和运行实时数据。SCD 文件虚回路可视化程度如图 1-71 所示。

当智能站链路中断时，通常借助于网络分析仪抓取报文进行分析，但目前网络分析仪存在报文解析不直观、人机界面不友好等问题，不利于故障的定位和分析。

需实现软件逻辑状态可视化。实现软件逻辑状态可视化后，内部逻辑、实时状态可视化，虚实回路关系明确，在线调试可人工置数，故障定位更准确，运检便利、直观易懂。

（2）具体措施。

制定可视化软件标准规范，开发可视化图形编辑工具，采用标准化数字电子模块搭建逻辑关系，软件内部逻辑可视，信号数值实时显示，并可人工置数，便于检修试验、故障定位等。如在直流工程领域采用的 ACCEL、ViGET 等可视化配置调试工具。可通过站内工作站实现全站二次控保设备的逻辑修改、状态监视、人工置数等工作。

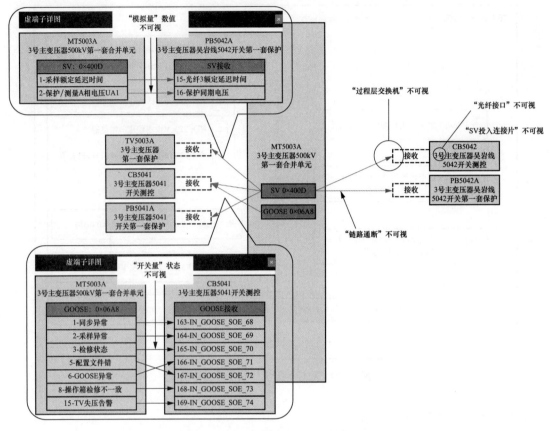

图 1–71　SCD 文件虚回路可视化程度

1.3.15　研制数字化远端模块

（1）现状及需求。

　　智能变电站合并单元、智能终端等装置采用光纤以太网方式传输信息，报文采用可变帧格式，需要参与全站 SCD 配置，光口功耗大，组网延时不确定。另外，合并单元、智能终端就地安装于智能控制柜内，存在运维不便、可靠性差等诸多问题。现场需要一种既能保留数字化光纤传输技术优势，又能实现免配置、低功耗、易维护的新型数字化传输方式。

　　需研制数字化远端模块。采用数字化远端模块，能显著提升供电可靠性、减少二次设备数量、优化网络结构、减轻运维负担，数字化远端模块与现有模式优缺点比较如表 1–19 所示。使用 IEC 60044–8 传输协议光电流仅为光纤以太网的一半（如图 1–72 所示）。

表 1–19　　　　　　　　　　数字化远端模块与现有模式优缺点比较

名称	现状	提升后
硬件接口	光纤以太网（点对点或组网）	光纤串口（点对点）
配置方式	需要参与全站 SCD 配置	免配置

续表

名称	现状	提升后
帧格式	可变帧格式	固定帧格式
功耗	每个光口约 500mW	每个光口约 300mW
延时	延时不确定（组网模式下）	延时短且固定
运维便利性	运维检修项目多，工作量大	免维护，免定检

（a）现有智能变电站 9-2 协议传输模式

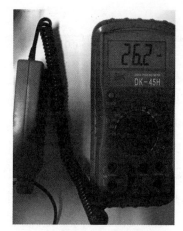

（b）提升后 IEC 60044-8 传输模式

图 1-72　使用 IEC 60044-8 传输协议光电流仅为光纤以太网的一半

（2）具体措施。

采用与一次设备同体设计、紧密耦合的数字化远端模块，实现一、二次设备数据交互。采用 IEC 60044-8 光纤串口协议替代现有 IEC 61850-9-2 光纤以太网传输协议，降低光纤接口功率、发热量，实现光纤接口的免配置。

远端模块应具备结构简单、防护等级高、抗干扰能力强、免配置、低功耗等特点，按功能类型可分为模拟量远端模块和开关量远端模块。以下设计了两种数字化远端模块应用方案。

1）模拟量远端模块应用方案。模拟量远端模块分为母线远端模块和间隔远端模块，母线远端模块完成母线电压采集与转换。间隔远端模块采集间隔电流和电压，完成规约转换。远端模块将采集数据上送至接口，在接口内完成数据合并、电压切换及电压并列，供保护测控使用。模拟量远端模块应用方案如图 1-73 所示。

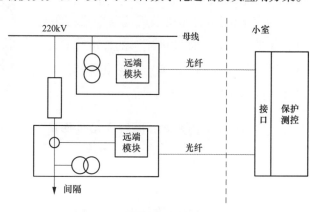

图 1-73　模拟量远端模块应用方案

43

2）开关量远端模块应用方案。开关量远端模块是断路器、隔离开关和接地隔离开关等一次设备的数字化接口。远端模块按照一次设备配置，通过接口完成与保护测控装置的数据交互。开关量远端模块应用方案如图1-74所示。

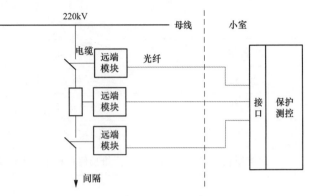

图1-74　开关量远端模块应用方案

1.3.16　提升保护网络打印标准化水平

（1）现状及需求。

网络打印与就地不一致，定值核对困难，就地未配置独立打印机，打印效率低下。目前智能变电站继电保护定值、报告网络打印的格式、内容与就地不一致，调度部门不信任网络打印方式，难以在远方开展定值核对，就地屏柜又未配置独立打印机，定值核对工作效率低下。部分地区调度硬性要求动作报告就地打印，影响事故分析、处理的及时性。

需提升保护网络打印标准化水平。保护网络打印标准化水平提升后，实现网络、就地打印格式统一，定值校核、归档及故障分析效率提高；采用"即插即用"的标准化打印接口后，配置移动式打印台可以便捷地进行就地打印，提升定值核对效率。

（2）具体措施。

1）各厂家按照继电保护"六统一"和DL/T 1782—2017《变电站继电保护信息规范》要求完善定值模型，统一网络、就地打印格式及内容。

2）充分利用保护子站功能，在站端完成定值、动作报告的远程召唤及打印，优化管理流程，减少纸质文档打印数量。

3）增配网络打印机及就地移动式打印台，所有保护屏配置"即插即用"的标准化打印接口，提高打印效率。220kV某变电站使用的就地移动打印台如图1-75所示。

图1-75　220kV某变电站使用的就地移动打印台

1.3.17　提升运检效率，减轻人员工作量

（1）现状及需求。

1）智能变电站对作业人员技术要求高，培训周期长。与常规变电站相比，智能变电站用SCD文件描述全站二次回路，用数字化传输技术替代模拟二次回路，用网络交互数据，

二次设备间关系复杂，中间环节多，导致设备隔离困难，安全措施难于掌握，人员培养周期长，成本高。

案例 1：智能变电站 SCD 文件修改和 CID 文件配置下装等工作技术门槛高，运检人员无法掌握，对厂家现场工作的正确性、规范性无法进行有效监管。

案例 2：由于智能变电站设备类型多、配置调试工具便利性差、二次回路不可视等因素，导致与技术复杂的换流站相比，运检人员成长反而更缓慢、培养周期更长。智能变电站与换流站人员培养周期比较如表 1-20 所示。

表 1-20　　　　　　　　　智能变电站与换流站人员培养周期比较

检修项目	智能变电站	换流站
二次安全措施布置	二次安全措施实施复杂，隔离面广，独立开展安全措施布置的人员需要培养 3 年以上	二次安全措施实施简单，如特高压换流站采用阀组检修钥匙，直流控制保护主机设置"试验"状态等方式，实现"一键式"安全措施，检修人员培养 1 年可独立布置安全措施
处理硬件类缺陷	硬件种类多，接口类型多，硬件故障定位依赖于厂家，独立开展插件更换工作的人员需要培养 3 年以上	二次系统板卡种类少，接口统一，故障信息明确，自检能力强，检修人员培养 1 年可独立完成硬件缺陷处理
处理软件类缺陷	设备软件逻辑不透明，软件修改流程复杂，软件缺陷处理完全依赖厂家	通过学习采用标准化逻辑模块的软件图纸，掌握在线分析程序能力，检修人员培养 3 年可熟练掌握软件类故障的分析及处理能力
二次设备定检	试验仪器多，测试项目多，熟练掌握各类保护及安全自动装置定检流程的人员需要培养 3 年以上	试验仪器统一，测试项目流程简单，检修人员培养 2 年可独立开展定检工作
二次设备技术改造	SCD 文件修改、配置下装及软件升级等工作完全依赖于厂家，检修人员仅能完成设备硬件安装、二次回路施工及系统调试工作，现场施工经验要求高，独立承担技术改造或改扩建工程的人员需培养 5 年以上	软硬件设计图纸审核、硬件安装及软件装载能力便于掌握，检修人员培养 3 年可独立负责技术改造工程
改扩建工程		

2）智能变电站相比常规变电站二次设备检验项目数量大幅增加，人员承载力不足。继电保护系统新安装检验项目增多 22 项、全检项目增多 6 项，此外新增厂内联调项目 34 项。受制于供电可靠性的考核压力，检修工期不断压缩，现场人员难以完全遵照规程要求开展检验，迫切需要合理优化检验项目和检验周期，减少重复劳动，开发继电保护自动检验设备，提升工作效率，将检修人员从繁杂的工作中解放。

案例 1：以 220kV 某变电站主变压器保护作业指导书为例，单体检验 24 小项，分系统检验 7 小项。3 名技术熟练的检修人员配合作业，完成单套检验至少需要 12h，比常规变电站耗时大幅增加。220kV 某变电站主变压器保护作业指导书如图 1-76 所示。

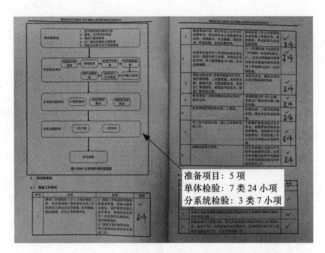

准备项目：5 项
单体检验：7 类 24 小项
分系统检验：3 类 7 小项

图 1-76 220kV 某变电站主变压器保护作业指导书

案例 2：以 220kV 某变电站监控联调为例，5 个 220kV 间隔、11 个 110kV 间隔、24 个 10kV 间隔共有遥信 3369 点、遥测 391 点、遥控 143 点。4 名检修人员配合作业，顺利情况下完成全部联调至少需要 15 天。220kV 某变电站监控联调现场作业图如图 1-77 所示。

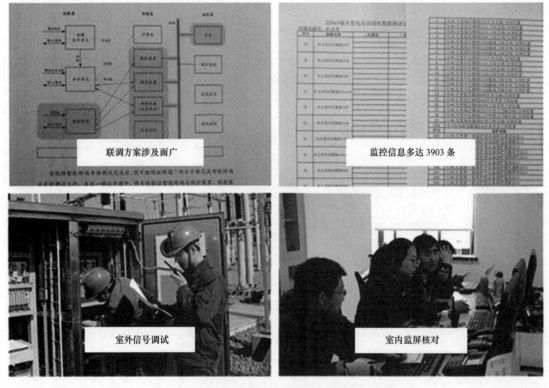

联调方案涉及面广

监控信息多达 3903 条

室外信号调试

室内监屏核对

图 1-77 220kV 某变电站监控联调现场作业图

案例 3：某供电公司二次检修班现有员工 21 人，其中硕士研究生 3 人，平均年龄 40

岁，平均工龄 14 年，具备智能变电站工作能力人数 15 人。主要负责所辖 118 座变电站二次系统运检工作，人均年出勤天数 280 天，人均维护二次设备 333 台、变电站 5.6 座，工作强度大。

需提升运检效率，优化检验项目、提升检验能力。优化检验项目、提升检验能力前后优缺点及效益对比如表 1-21 所示。

表 1-21　　　　　　　　优化检验项目、提升检验能力前后优缺点及效益对比

名称	现状	提升后
检验项目	多而杂，部分项目必要性不强	少而精，检验项目科学合理
检验周期	不合理，部分单位甚至要求"逢停必检、逢停必调"	科学评价、状态检修，周期合理
检验结果	检验结果易受人为因素影响	自动检验，结果可靠
作业标准化程度	标准化应用程度不高	流程简单，程序化作业
作业智能化程度	人力劳动强度大，重复性工作多	一键式隔离、一次性接线、一键式测试、自动记录、自动出具检验报告，工作量大幅降低
技能水平要求	对技能水平要求高，需要现场作业经验	对技能水平要求较低
检修人员数量	单间隔二次设备定检需工作人员 3～4 名	单间隔二次设备定检仅需工作人员 2 名

（2）具体措施。

1）严格按照检验规程要求的检验项目、周期开展检修，避免超规程要求增加试验项目、缩短检修周期。

2）完善状态检修机制，开展设备寿命评估研究，科学安排检修周期，优化试验项目。

3）二次设备隔离措施使用"一键式"安全措施，降低安全措施复杂性和作业风险。"一键式"安全措施已在换流站内广泛应用，极大地方便了二次设备隔离工作，降低了安全措施布置及作业风险。如直流保护设置了测试模式，通过后台置位或就地操作，将保护装置切换至"测试"状态，实现保护一键隔离。换流站直流二次设备普遍使用的"一键式"安全措施如图 1-78 所示。

4）研制"一键式"测试系

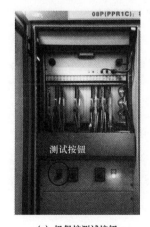
（a）极保护测试按钮

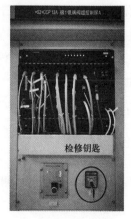
（b）阀组保护检修钥匙

图 1-78　换流站直流二次设备普遍使用"一键式"安全措施

统，提高检修工作效率。继电保护自动测试示意图如图 1-79 所示。

5）研究"更换式"检修方式，实现设备免维免检。

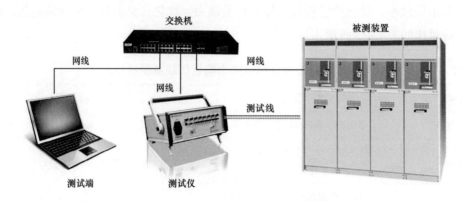

图 1-79 继电保护自动测试示意图

1.4 二次系统智能化提升关键技术

1.4.1 保护、测控新装置应用

（1）就地化保护装置。针对智能变电站存在的合并单元、智能终端等关键设备故障率高，保护动作延时增长，继电保护可靠性降低，二次"虚回路"无法直观可见，配置文件管控困难，运维人员工作量增大等问题，国家电力调度控制中心保护处于 2016 年初组织开展了即插即用就地化保护装置的研究，以期通过保护装置的就地安装减少中间环节，提升保护快速性及可靠性；通过即插即用更换方式，提升检修效率，最终实现变电站的安全、可靠及经济运行。2016 年 12 月，第一批 220kV 就地化线路保护试点工作正式启动。截至 2018 年，就地化保护全面挂网试运行已全面开展。

1）就地化保护方案特征。

a）采样数字化。保护装置直接接收电子式互感器输出的数字信号，不依赖外部对时信号实现保护功能。

b）保护就地化。保护装置采用小型化、高防护、低功耗设计，实现就地化安装，缩短信号传输距离，保障主保护的独立性和速动性。

c）元件保护专网化。元件保护分散采集各间隔数据，装置间通过光纤直连，形成高可靠无缝冗余的内部专用双向双环网，保护功能不受变电站 SCD 文件变动影响。

d）信息共享化。智能管理单元集中管理全站保护设备，作为保护与变电站监控的接口，采用标准通信协议，实现保护与变电站监控之间的信息交互。

2）就地化保护方案基本原则。

a）就地化保护坚持继电保护"四性"原则，在当前电网特性下尤其要强调速动性和可靠性。

b）就地化保护装置贴近一次设备就地布置，采用电缆直接采样、电缆直接跳闸。

c）就地化线路保护独立完成保护功能；就地化变压器保护采用分布式模式，按侧配置保护子机；就地化母线保护采用积木式可扩展设计，每个保护子机接入多个间隔，根据变电站远景规模配置子机数量。每个元件保护子机均独立完成保护逻辑运算，输出对应间隔分相跳闸接点，提高元件保护动作速度。

d）为保证保护的独立性和可靠性，设置全站保护装置专用通信网络，简称保护专网。每台就地化保护装置具备 SV、GOOSE、MMS 三网合一共口输出功能，并接入保护专网。

e）就地化元件保护按被保护对象设置独立的双向环网，简称元件保护环网。该网络采用高可靠无缝冗余的专用环网通信协议，确保元件保护各子机间的通信可靠性。

f）就地化保护装置输出的 SV 数据采样频率为 4kHz，应支持同步采样（基于外时钟同步系统）和延时可测。

g）通过保护装置过程层输入和输出信息的标准化设计，利用智能管理单元中的配置工具设置必要的参数，实现就地化保护二次虚回路的自动配置，达到保护功能与全站 SCD 文件解耦的目的。

h）间隔层保护设备不应跨双重化的保护专网。智能管理单元按电压等级双重化配置，实现就地化保护装置的界面集中展示和管理，完成保护与变电站监控之间的信息交互。

i）智能录波器接入保护专网和站控层网络，实现过程层、站控层所有应用数据的完整记录、全景可视化展示、综合分析与诊断、远传及管理、PMU 等功能。

j）站域保护接入保护专网，实现备自投、低频低压减载等功能。

以就地化线路保护装置为例，其总体要求如下：

1）装置应满足继电保护"可靠性、选择性、灵敏性、速动性"的要求。

2）装置应具备完善的自检功能，应具有能反映被保护设备各种故障及异常状态的保护功能。

3）装置实现其保护功能不应依赖外部对时系统。

4）除出口继电器外，装置任一元件损坏不应引起保护误动作跳闸。

5）装置应采用电缆直接采样和电缆直接跳闸方式，装置接收的断路器位置等本间隔开入信息应采用电缆连接方式，与其他装置间的启动、闭锁、跳合闸等信号应采用 GOOSE（generic object oriented substation event）网络传输，当接收到网络跳闸命令时，是否闭锁重合闸需要通过订阅闭锁重合闸虚端子来实现。

6）装置应采用两路不同的 A/D 采样数据，当双 A/D 数据之一异常时，装置应采取措施，防止保护误动作。

7）双重化配置的保护专网应遵循相互独立的原则，当一个网络异常或退出时不应影响另一个网络的运行。

8）装置接入不同网络时，应采用相互独立的数据接口控制器。

9）智能管理单元异常时，装置保护功能的实现不应受影响。

10）装置的通信服务、数据模型以及配置流程应满足 Q/GDW 1396《IEC 61850 工程继电保护应用模型》的要求。

11）装置应由独立的直流/直流变换器供电。直流电压消失时，装置不应误动。直流电源电压在 80%～115% 额定值范围内变化时，装置应正确工作。在直流电源恢复（包括缓慢地恢复）到 80% U_N 时，直流逆变电源应能自动启动。直流电源纹波系数不大于 5% 时，装置应正确工作。拉合直流电源以及插拔熔丝发生重复击穿火花时，装置不应误动作。直流电源回路出现各种异常情况（如短路、断线、接地等）时装置不应误动作。

12）装置上电、重启过程中，不应误发信息；装置直流电源消失后，所有记录信息不应丢失，电源恢复正常后，应能重新正确显示并输出。

13）装置应具备配置下装、状态量显示、定值管理、报告查询、录波调阅、打印等远程管理功能。

14）信息输出基本原则要求如下：

a）装置输出的信息按本部分所规定的各类保护功能描述，并按配置的保护功能输出本部分中的相应信息。

b）本部分将电压互感器统称为 TV，电流互感器统称为 TA。

c）装置打印信息、装置显示信息描述应保持一致，与后台、远动信息的应用语义应保持一致性。

d）装置应提供反映本身健康状态的信息，包括装置内部工作环境、硬件工作状况、软件运行状况、通信状况（含内部通信状况和设备间的通信状况）等。

e）本部分用于 DL/T 860《变电站通信网络和系统》协议传输的信息，其他协议参照执行。

f）装置应提供当前运行状况监测信息，主要包括交流采样、装置参数、保护定值、装置信息、开入及压板信息、内部状态监视等状态，保护装置在线监测信息如表 1-22 所示。

表 1-22　　　　　　　　　　保护装置在线监测信息

序号	监测类别	监测内容	数据集	备注
1	交流采样	采样电流、电压幅值及差流值	dsRelayAin	二次值
2	定值区号	保护当前运行定值区号	dsSetGrpNum	
3	装置参数	按照附录所规定的设备参数定值的名称和顺序	dsParameter	

续表

序号	监测类别	监测内容	数据集	备注
4	保护定值	按照附录所规定的保护定值和控制字的名称和顺序	dsSetting	
5	装置信息	保护版本、对时方式、装置识别代码	–	
6	装置运行时钟	××××年××月××日××时：××分：××秒	–	
7	开入及压板信息	功能压板、开关量输入、检修压板等	dsRelayDin、dsRelayEna	
8	内部状态监视	工作电压、装置温度、湿度（可选）、光强等	dsAin	发送上下限接收可只含下限

注 8项光强监测的告警信号按照发送光强监视上、下限；接收光强可只监视下限处理，通过dsWarning数据集上送。通道光强监测的告警定值不上送，取消通道光强监测的预警功能。

15）装置支持远方操作。远方操作时，至少应有两个指示发生对应变化。

16）装置具备唯一的设备标识代码，在装置生命周期内不得变更。

17）装置支持时间同步管理。

典型的 110kV 及 220kV 线路间隔实施方案示意图如图 1-80 所示。

（2）变电站智能分析和记录装置。随着智能变电站的发展，新型智能装置大量应用，在 IEC 61850 的技术框架下，唯一的通信标准、标准化的报文数据传递、信息的自描述功能等为信息的收集提供了保障，为实时的运行管理提供了强有力的技术支持，但是也产生了两方面影响：

首先智能变电站二次系统实现方式与传统变电站出现较大区别，其一，对智能变电站设备异常情况的辨别和处置手段发生变化，而各专业人员原有掌握的二次设备运维、检修技能已不能完全满足需求；其二，智能化设备的自检功能虽然已经得到大幅提升，但仅依靠单一设备提供的信息难以定位故障点。

其次由于智能变电站中的二次设备全部实现了数字化、网络化和智能化，以网络报文的方式提供了大量关于设备运行的信息，为二次设备的状态检修、运行管理以及故障分析等创造了有利的条件。因此，基于智能变电站信息开放与信息共享，实现智能变电站继电保护的状态监测与故障诊断，是智能变电站运维技术发展的需求。

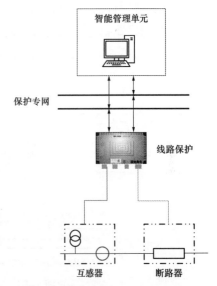

图 1-80 典型 110kV 及 220kV
线路间隔实施方案示意图

变电站智能分析和记录装置是一种可部署在变电站站端，集成了故障录波、网络记录分析、保护设备在线监测、保信子站等功能的装置。该装置由管理单元和采集单元组成，装置能满足常规变电站、部署过程层网络/过程层专网的智能变电站，以及部署保护专网的智能变电站等多种应用场景，针对不同的采集方式应能提供不同型号的采集单元。

变电站智能分析和记录装置具备智能变电站二次系统状态感知与安全检测、状态评估技术、故障诊断技术、故障录波、网络分析及智能安全措施技术等功能，为智能变电站二次系统的日常运维、异常处理、事故分析以及检修等工况提供多维度的可视化信息支撑、决策及安全操作依据。

变电站智能分析和记录装置系统框架如图1-81所示。装置从过程层网络/过程层专网和站控层网络获取信息，可实现可视化在线监测及智能诊断等应用，并支持远端上送功能。

装置需采集的过程层及站控层信息主要有以下内容：

1）过程层包含智能终端、合并单元或就地模块，主要信息有GOOSE、SV（sampled value）原始报文、GOOSE、SV状态监测信息、设备自身监测信息、光功率监视、光强越限、通信链路监视、对时状态等，通过网络分析功能采集GOOSE、SV原始报文及状态监测信息，智能终端、合并单元自身监测信息通过GOOSE发送给测控装置，测控装置通过MMS（manufacturing message specification）报文上送到站控层。

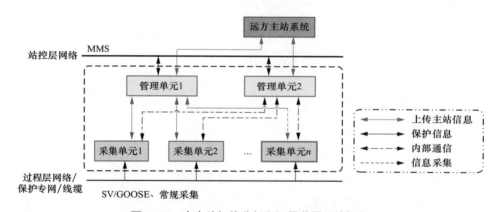

图1-81 变电站智能分析和记录装置系统框架

2）站控层包含保护装置、测控装置、智能录波器、交换器等，主要信息有CPU、Flash等IC芯片、电源A/D、开入、开出、通信、时钟等状态、设备自身监测信息及功能信息、网络设备的实时信息，其中测控、保护智能录波器的监测信息直接从MMS网采集，交换机信息通过DL/T 860《变电站通信网络和系统》采集。

3）数据采集单元采用失电保持的静态存储器（硬盘）为存储介质，最大可以配置4TB硬盘。采集信息存储采取循环覆盖机制，存储时间间隔不大于120min，并至少能保存100天。

装置具备的远端功能：

1）支持保护事件、告警、开关量变化、通信状态变化、定值区变化、定值不一致、配置不一致等突发信息主动上送给远端主站。

2）支持故障录波文件（包括中间节点文件）、智能诊断结果文件主动发送提示信息给远端主站，并在远端主站召唤时上送文件。

3）能够同时向多个远端主站传送信息。支持按照不同远端主站定制信息的要求向远端主站发送不同信息。支持定制信息的优先级。

4）支持远端主站远程召唤模拟量数据、定值数据、历史数据及其他文件，为远端主站提供远程浏览服务；远程浏览只允许浏览，不允许操作。远程浏览内容包括二次设备状态、二次虚回路实时连接状态图等。

同时装置还具备可视化展示功能，能为运维人员提供灵活方便的人机交互手段，实现对测量信息、设备状态信息的实时监视，采用面向对象技术，具备图、模、库一体化技术，生成单线图的同时，自动建立网络模型和网络库，具备全图形人机界面，画面可以显示来自不同分布节点的数据，所有应用均采用统一的人机界面，显示和操作手段统一，按照层级关系对智能变电站全站虚回路进行展示，包括全站、各电压等级、各间隔、各 IED 设备。用户可方便和直观地完成实时画面的在线编辑、修改、定义、生成、删除、调用和实时数据库连接等功能，并能与其他工作站共享修改或生成后的画面。

（3）冗余测控装置。冗余后备测控装置包含多个（最多 15 个）虚拟测控单元，按间隔实现变电站测控装置的集中式冗余后备功能。冗余后备测控装置系统框架如图 1-82 所示。

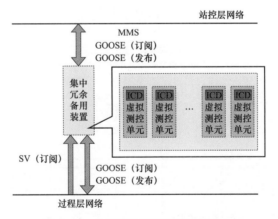

图 1-82　冗余后备测控装置系统框架

虚拟测控单元：运行于冗余后备测控装置中，直接使用与按电气间隔配置的实体测控装置相同的模型、参数和配置文件等，实现间隔实体测控装置相同的功能。

冗余备用测控装置接入若干间隔采集数据，当间隔测控故障或检修退出时，人工投入集中冗余备用装置中对应的虚拟间隔；当间隔测控重新投入运行时，自动退出该虚拟间隔测控，冗余后备测控装置应用场景如图 1-83 所示。

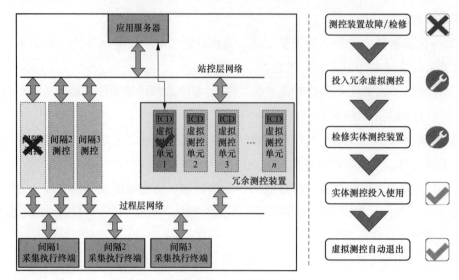

图1-83　冗余后备测控装置应用场景

（4）宽频测量子站。随着新能源发电、电气化铁路接入、工业变频器的使用，电网的电力电子化特征越发明显。传统的测控装置只能采集工频及2～13次的谐波，其已不能完全反映电力电子化电网的谐波特性。

针对此问题，国调中心提出在变电站内应配置宽频测量子站来监测电力电子化电网的谐波特性。宽频测量子站包括宽频测量装置、宽频测量处理单元，宽频测量系统架构图如图1-84所示。宽频测量装置主要负责同步采集测量、告警、录波以及数据的实时传输。宽频测量处理单元主要负责宽频测量数据的接收、存储和预处理分析，并负责与主站 [兼容WAMS（wide area measurement system）主站] 的数据交互。

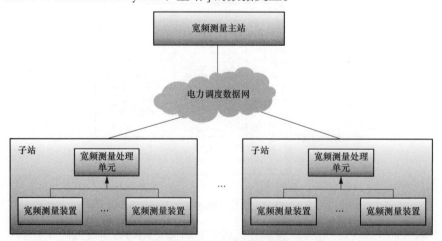

图1-84　宽频测量系统架构图

宽频测量装置通常具备以下功能：

1）具有三相基波电压相量、三相基波电流相量、电压电流的基波正序相量、频率、频率变化率、功率和开关量信号的测量功能。

2）具有实时监测低频振荡的功能；支持2.5～45Hz、55～95Hz次/超同步振荡电流、电压的监测功能；具有次同步振荡功率的监测功能。

3）具有100～2500Hz范围内谐波、间谐波测量功能，间谐波的计算方法遵循GB/T 17626.7—2017《电磁兼容试验和测量技术供电系统及所连设备谐波、间谐波的测量和测量仪器导则》。

4）支持GB/T 26865.2《电力系统实时动态监测系统　第2部分：数据传输协议》，具有对外传输同步相量的相关功能；支持长录波文件的对外传输。

5）具备宽频振荡监测功能，能监测100～300Hz范围内的宽频振荡。

6）装置发生宽频振荡时，能告警并启动录波功能，给出事件告警信息，同时将告警事件传输给主站。

宽频测量处理单元通常具备以下功能：

1）装置能实时接收、存储、解析宽频测量装置传输的数据报文，包括动态数据传输报文。

2）装置能向多个主站实时转发站内宽频测量数据，包括原始测量数据、预处理分析数据及诊断分析结果数据。

3）装置具有相量数据传输功能，相关要求遵循Q/GDW 10131—2017《电力系统实时动态监测系统技术规范》。

4）装置具备故障录波文件、72h连续录波文件、动态数据记录文件和预处理数据分析结果文件的离线召唤功能。

5）装置具备数据预处理分析功能：

a）具备宽频测量装置上送数据的统计分析功能，能够统计2～50次谐波在5min内的最大值、最小值和平均值。

b）具备电流、电压间谐波幅值在5min内最大值、最小值和平均值的统计分析功能。

c）实时采集次/超同步振荡10个主导分量的频率和幅值，统计分析出现次数最多的振荡频率及该频率在5min内出现的次数。

d）能分析不低于2500Hz以内单通道和多通道的谐波、间谐波分析功能，支持频谱分析。

e）支持基波量的相量分析功能，包括基波幅值、相位等。

（5）就地模块。在详细调研和论证前两代智能变电站优缺点的基础上，国网设备部提出应用以分布处理为原则，具有数字转化、结构紧凑、分散布置特点的就地模块，替代原有智能终端、合并单元，避免单一设备故障影响范围大。就地模块与一次设备同体安装，符合就地数字化技术的发展方向，且目前的高性能集成芯片技术、通信技术、设计水平已满足就地模块小型化、高防护、免配置要求，并可简化网络层次，节省电缆和光纤使用。

1）就地模块功能。就地模块可实现电压、电流、油温、油位等模拟量及断路器状态、分接头挡位、非电量信号等开关量的就地数字化，使用按键设置地址，无需软件配置，可不停电更换。就地模块主要功能特点如图1-85所示。

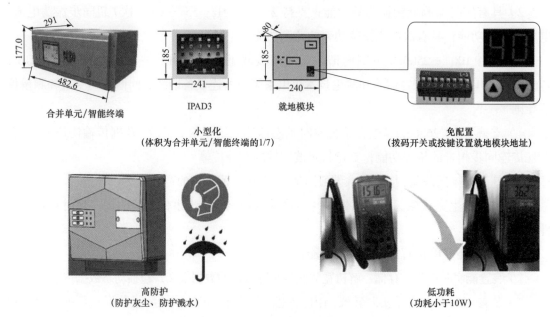

合并单元/智能终端　　　　　IPAD3　　　　　就地模块

小型化
(体积为合并单元/智能终端的1/7)

免配置
(拨码开关或按键设置就地模块地址)

高防护
(防护灰尘、防护溅水)

低功耗
(功耗小于10W)

图 1-85　就地模块主要功能特点示意图

2）就地模块分类。针对不同一次设备，遵循设备种类简化原则，就地模块按功能分为模拟量就地模块、开关量就地模块、变压器就地模块等几个主要类型，能够实现站内一次设备信息的采集、传输和控制。

3）就地模块安装方式。多个就地模块可集中安装于同一箱柜内，采用上下固定的嵌入式安装方式，就地模块使用光纤通过间隔交换机星型组网连接，接入自动化专网，光纤的接口形式应为 LC 类型，通信带宽 1000/100 M，每个模块独立供电，能够满足不同结构一次设备的安装需求，且无需装设空调，以就地模块最大数量（15 个）布局，环境温度 50℃，并考虑在太阳辐射的严酷条件下进行热仿真，就地模块最大温升为 13 ~ 16℃，可满足实际运行要求。就地模块布置于机构箱及 GIS 汇控柜示意图如图 1-86 所示。

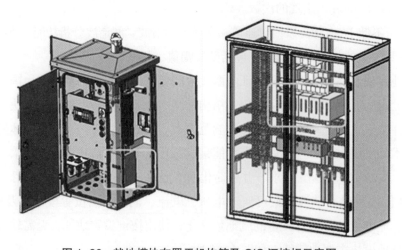

图 1-86　就地模块布置于机构箱及 GIS 汇控柜示意图

4）就地模块编码规则。就地模块应具备设置和显示地址码的功能，设置地址码采用取消键、加减键和确认键完成，地址码采用 3 位十进制数字显示。地址码关联就地模块发送报文的 MAC（media access control address）地址及 APPID（application identification）标识，发送报文的 MAC 地址后两位与就地模块设置的地址码一致。应用于开关量时，发送的 APPID 与地址码一致；应用于模拟量时，发送的 APPID 为 0x4000+ 地址码。

1.4.2　智慧调控

（1）一键顺控。一键顺控集成于变电站监控系统，具备操作票库、生成任务、模拟预演、指令执行、权限管理、防误闭锁、操作记录、人机界面等功能，并能与智能防误主机、辅助设备监视系统进行交互，一键顺控示意图如图 1–87 所示。

监控主机上"一键顺控"模块的人机操作界面及操作流程，遵循《运检一〔2018〕63 号国网运检部关于印发变电站一键顺控改造技术规范（试行）的通知》的相关要求。一键顺控功能具备以下技术特点和优势：

1）标准化、统一化的操作界面及操作流程。便于运维人员快速掌握，减少变电站现场的误操作，提高操作效率。

2）"口令 + 指纹或数字证书"双因子验证。一键顺控功能打破以往单一密码的权限校验方式，引入"口令 + 指纹或数字证书"的双因子验证，确保顺控操作过程身份鉴别的绝对安全性。

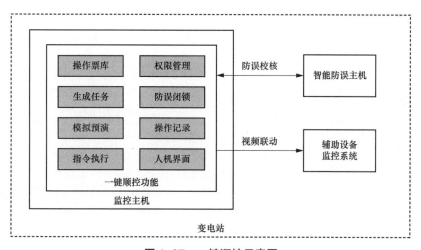

图 1–87　一键顺控示意图

3）操作过程中，严格校验一次设备位置双确认条件，确保顺控操作过程的安全性。

4）防误逻辑双套校核，有效防止误操作。

（2）一、二次设备对应状态监视。一、二次设备的对应监视是变电站运维的重要一环，因此建立一、二次设备对应关系逻辑库，来实时预警状态不对应，能够辅助运维人员快速定位设备异常。其简要工作流程图及典型界面示意如图 1-88、图 1-89 所示。

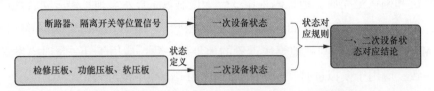

图 1-88　一、二次设备对应状态监视工作流程示意图

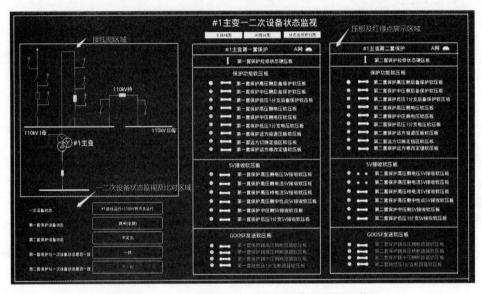

图 1-89　一、二次设备对应状态监视典型界面示意图

典型的 110kV 主变压器组合间隔一、二次设备状态对应关系如表 1-23 所示。

表 1-23　　　典型 110kV 主变压器组合间隔一、二次设备状态对应关系

主间隔运行方式	子间隔运行方式	主变压器保护状态	二次系统运行方式
1号主变运行	1号进线运行（热备），110kV 桥开关运行（热备）	跳闸（全跳）	1号主变压器第一（二）套保护跳，1号进线开关软压板投入 1号主变压器第一（二）套保护跳，110kV 桥开关软压板投入 1号主变压器第一（二）套保护 1号进线电流 SV 接收软压板投入 1号主变压器第一（二）套保护 110kV 桥开关电流 SV 接收软压板投入 1号主变压器第一（二）套保护闭锁，110kV 桥备自投软压板投入
	1号进线运行，110kV 桥开关冷备用	跳闸（跳进线）	1号主变压器第一（二）套保护跳，1号进线开关软压板投入 1号主变压器第一（二）套保护跳，110kV 桥开关软压板退出 1号主变压器第一（二）套保护 1号进线电流 SV 接收软压板投入 1号主变压器第一（二）套保护 110kV 桥开关电流 SV 接收软压板投入 1号主变压器第一（二）套保护闭锁，110kV 桥备自投软压板投入

续表

主间隔运行方式	子间隔运行方式	主变压器保护状态	二次系统运行方式
1号主变运行	1号进线运行，110kV桥开关检修	跳闸（跳进线）	1号主变压器第一（二）套保护跳，1号进线开关软压板投入 1号主变压器第一（二）套保护跳，110kV桥开关软压板退出 1号主变压器第一（二）套保护1号进线电流SV接收软压板投入 1号主变压器第一（二）套保护110kV桥开关电流SV接收软压板退出 1号主变压器第一（二）套保护闭锁，110kV桥备自投软压板投入
	110kV桥开关运行，1号进线冷备用（或线路检修）	跳闸（跳桥）	1号主变压器第一（二）套保护跳，1号进线开关软压板退出 1号主变压器第一（二）套保护跳，110kV桥开关软压板投入 1号主变压器第一（二）套保护1号进线电流SV接收软压板投入 1号主变压器第一（二）套保护110kV桥开关电流SV接收软压板投入 1号主变压器第一（二）套保护闭锁，110kV桥备自投软压板投入
	110kV桥开关运行，1号进线开关检修（或开关及线路检修）	跳闸（跳桥）	1号主变压器第一（二）套保护跳，1号进线开关软压板退出 1号主变压器第一（二）套保护跳，110kV桥开关软压板投入 1号主变压器第一（二）套保护1号进线电流SV接收软压板退出 1号主变压器第一（二）套保护110kV桥开关电流SV接收软压板投入 1号主变压器第一（二）套保护闭锁，110kV桥备自投软压板投入

通过一、二次设备对应状态监视，可实现间隔一、二次设备状态不对应告警简报推送、异常压板识别闪烁告警，对应关系导出等功能。可实时监视、可视化展示设备状态以及多重告警，便于异常快速定位等优势。

（3）智能联动。计算机通信技术及在线监视手段的不断丰富为智能联动提供了实现的硬件条件。通过主辅设备以及辅助设备监控子系统间的智能联动，可有效提高操作效率和应急响应速度。如在一次设备操作过程中，通过联动视频预览，可大大缩短设备位置人工确认时间，提高操作效率；通过各辅助设备监控子系统间数据共享、协同控制，在事故跳闸、一次设备异常、火灾报警、环境监测越限告警等异常发生时，可缩短异常处置时间，提高应急响应速度。典型的主辅设备、辅助设备监控子系统间智能联动示意图如图1-90所示。

（4）自动验收。

1）自动验收架构。通过信息通信技术，可实现数据通信网关机的远动信息自动验证、数据通信网关机的转出数据自动触发、调控主站前置信息自动验证及调控主站监控画面信息自动验证等功能。

调控主站端基于智能电网调度控制系统基础平台的模型管理、数据采集与交换、人机界面、权限管理等功能模块，实现模型信息校核、前置信息自动验证和监控画面自动验证。

厂站端增加独立的自动验收装置，具备SCD校核、RCD校核功能、数据触发功能、

IEC 104 客户端功能及闭环测试校核功能，可实现远动信息验证功能和数据通信网关机数据触发功能。

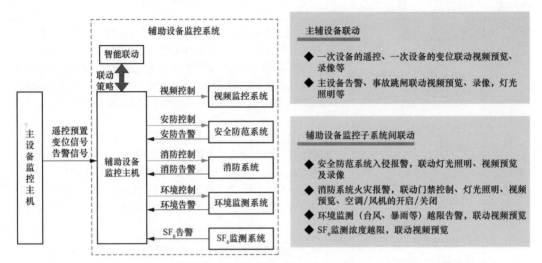

图 1-90　典型的主辅设备、辅助设备监控子系统间智能联动界面示意图

自动验收功能体系结构示意图如图 1-91 所示。

2）验收流程。自动验收系统结构及数据流向如图 1-91 所示，具体验收步骤如下：

第一步：模型及点表信息校核和网关机闭环校核阶段。使用自动验收装置完成站内SCD、RCD、调度点表的有效性、一致性校核，校核通过后再使用自动验收工具的数据触发功能、远动信息验证功能实现网关机的闭环测试校核。

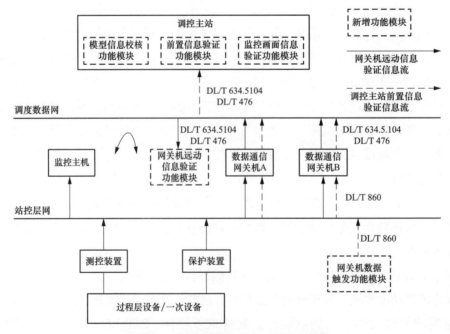

图 1-91　自动验收功能体系结构示意图

第二步：站内同步验收阶段。在站内加量调试时，使用自动验收装置的远动信息验证功能对数据网关机转发信息进行展示，同步与监控主机告警信息进行核对，完成网关机远动信息自动验收。

第三步：调度验收阶段。确保调控主站模型及点表校核通过且和站内点表一致，使用自动验收装置的数据触发功能模拟触发调度点表对应的 MMS 报文，配合数据通信网关机、调控主站完成调控主站信息的自动验收。

通过自动验收可大大提升调试对点效率，节省调试、验收时间。

1.4.3　智慧运维

（1）二次在线监测。通过在监控系统部署二次状态监测模块，可实时采集监控后台、交换机、时钟设备、安防设备、间隔层装置的状态监测信息，并对状态监测信息进行采集处理、等级归纳、动态展示。监测信息可由智能远动机采用 IEC 104 规约上送调度主站实时展示，监测结果可通过远程浏览、告警直传的方式上送调度主站。

可监测的二次设备状态信息范围如表 1-24 所示。

表 1-24　　　　　　　　　　可监测的二次设备状态信息范围

被采集设备	可采集量
监控后台	CPU 占有率、内存占用率、网络接口通断、后台全部进程运行状态（CPU、内存占用率）、硬盘剩余空间
智能远动机	CPU 占有率、内存占用率、硬盘剩余空间、网络接口通信通断、五大业务的状态、调度通道通信状态
交换机	对采集电源工况（电源告警）、接口通断、流量信息、CPU 占用率
时钟设备	对时状态信号（硬节点）、时钟差、第一路外部时源（BDS）信号状态、第二路外部时源（GPS）信号状态、第三路外部时源（B01）信号状态、第四路外部时源（B02）信号状态、天线状态（BDS）、天线状态（GPS）、电源模块 1 状态、电源模块 2 状态、设备槽位板卡状态、装置同步状态、BDS 定位搜星颗数、GPS 定位搜星颗数、时间源选择、板卡类型、闰秒预告
安防设备	失电告警等信号（硬节点）
间隔层设备（测控、保测）	对时信号状态（硬节点）、对时服务状态、时间跳变侦测状态、内部工作电压、工作温度、CPU 占用率、内存占用率、光口收发功率；同期检测、运行异常、装置自检告警信息；GOOSE 链路异常信息、硬件异常信息、通信异常信息、配置异常信息

通过部署二次设备状态监测模块，可实现二次设备状态的全面综合感知，设备运行情况一目了然。

（2）图像识别与智能分析。利用视频监控的分析主机，开展图像识别与智能分析，主要技术特色如下：

1）实现仪器、仪表数据的智能读取，可大大提升抄表效率。

2）实现人员违规进入非工作范围检测、人员着装检测（如不按规定佩戴安全帽等）、车辆出入等检测，如图1-92所示，可实现人员、车辆行为的全面感知，及时发现违规行为，提升安全管理手段。

现场违规行为抓拍、分析

禁入区域监测

进出车辆识别

图1-92　人员违规进入非工作范围、人员着装、车辆出入等检测

（3）检修断面比对。检修人员在现场作业结束后，需要进行设备状态还原，通过检修前断面保存和检修后断面比对，可以规避人工操作的疏漏，智能化地规范检修工作。在应用时，断面比对工具逐级显示两个断面涉及的一、二次设备状态具体比对结果，如有异常，则用红色逐级标注出具体的一次间隔及设备、二次装置及软压板或遥信，如图1-93所示。

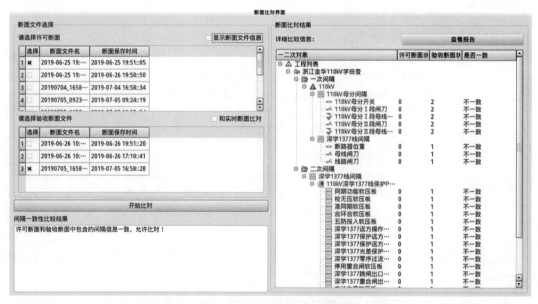

图1-93　检修前断面保存和检修后断面比对示意图

通过以智能检测代替人工记录，可大幅提高工作可靠性。

第2章 站用交直流电源系统智能化提升关键技术

2.1 站用交流电源系统

2.1.1 站用交流电源系统简述

站用交流电源系统一般是由站用进线电源、站用变压器、400V 交流配电屏、交流供电网络组成的系统，其主要作用是给变电站内的一、二次设备及站用生活提供持续可靠的操作或动力电源。站用交流电源系统结构图如图 2-1 所示。

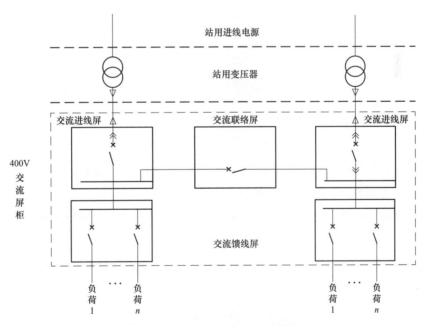

图 2-1 站用交流电源系统结构图

（1）站用变压器。站用变压器是将高压电转换为 400V 站用交流电的电能转换装置，主要有油浸式和干式两种，油浸式变压器一般安装于户外，干式变压器安装于户内。

330kV 及以上变电站通常配有三台站用变压器，其中两台站用变压器分别接于本站主变压器低压侧不同母线段，另外一台站用变压器作为专用备用变压器，接于站外可靠电源。220kV 及以下变电站通常配有两台站用变压器，分别接于本站主变压器低压侧不同母线段。

（2）400V 交流配电屏。站用交流配电屏是根据站用电接线方式，由开关电器、保护和测量设备、母线和必要的辅助设备组建而成的总体装置，起到接受和分配电能的作用。

站用交流配电屏根据功能不同分为进线屏、馈线屏以及联络屏。进线屏主要作用是引入 400V 交流电源，屏柜设置进线断路器。联络屏主要作用是实现不同母线之间的联络。馈线屏主要作用是分配 400V 交流电源，屏柜设置馈线断路器。站用交流电源屏柜如图 2-2 所示，典型站用交流屏柜如图 2-3 所示。

图 2-2　站用交流电源屏柜

站用交流屏柜中安装的设备主要有交流断路器、自动切换装置等。

1）400V 交流断路器。400V 交流断路器主要有框架式断路器、塑壳式断路器、抽屉式断路器。框架式断路器所有结构部件安装在同一块底板或框架上，断路器分断能力较大，在几百安培到几千安培之间。塑壳式断路器结构部件安装在一个塑料外壳内，其额定工作电流小，功能较为简单，一般组屏安装，多作为馈线开关。抽屉式开关采用钢板制成封闭外壳，进出线回路的电器元件均安装在可抽出的抽屉中，构成能完成一类供电任务的功能单元。

330kV 及以上变电站进线开关一般选择框架式断路器。220kV 变电站进线开关可根据容量需求选择框架式或者塑壳式断路器。110kV 及以下电压等级变电站一般选择塑壳式断路器。馈线开关多采用抽屉式断路器和塑壳式断路器。变电站 400V 交流开关如图 2-4 所示。

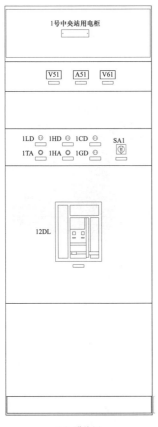

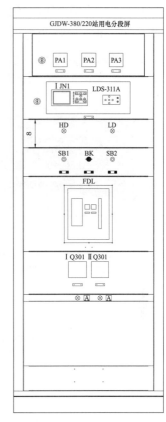

(a) 进线屏 　　　　(b) 馈线屏柜 　　　　(c) 联络屏

图2-3　典型站用交流屏柜

(a) 框架断路器 　　　　(b) 塑壳断路器 　　　　(c) 抽屉式断路器

图2-4　变电站400V交流开关

2）自动切换电器（automatic transfer switching，ATS）。自动切换电器是由一个或几个转换开关电器和其他必需的电器组成，用于监测电源电路，并将一个或几个负载电路从一个电源自动转换至另一个电源的电器。自动切换电器如图2-5所示。

（3）交流供电网络。

1）330kV及以上变电站。330kV及以上变电站站用交流电源系统主要有三种供电网络方式。

a）无备用母线备自投方式。1号站用变压器带Ⅰ段母线运行，2号站用变压器带Ⅱ段母线运行，0 号站用变压器经 2 台断路器分别接入两段母线作为备用，设置 Ⅰ、Ⅱ 段母线联络开关。Ⅰ（Ⅱ）段母线失电，备自投装置自动投入 0 号站用变压器低压侧 Ⅰ（Ⅱ）母线开关。无备用母线备自投方式如图 2-6 所示。

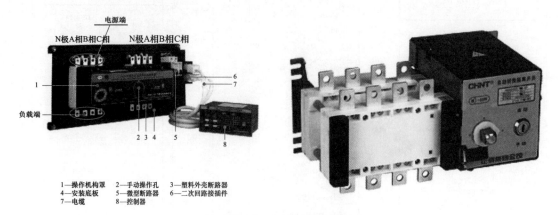

1—操作机构罩　2—手动操作孔　3—塑料外壳断路器
4—安装底板　5—微型断路器　6—二次回路接插件
7—电缆　8—控制器

图 2-5　自动切换电器

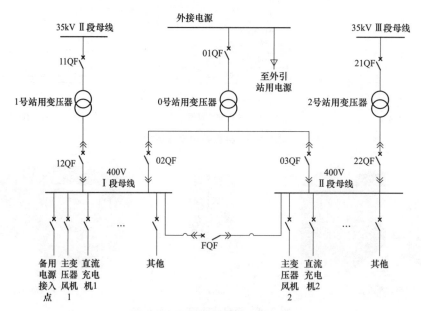

图 2-6　无备用母线备自投方式

b）无备用母线 ATS 自投方式。0 号和 1 号站用变压器通过 ATS1 带 Ⅰ 段母线运行，0 号和 2 号站用变压器通过 ATS2 带 Ⅱ 段母线运行。0 号站用变压器通过 ATS1、ATS2 进行切换备用。无备用母线 ATS 自投方式如图 2-7 所示。

c）有备用母线备自投方式。1 号站用变压器带 Ⅰ 段母线运行，2 号站用变压器带 Ⅱ 段母线运行，0 号站用变压器经 3 台自动断路器分别接入两段母线作为备用。Ⅰ（Ⅱ）段母线失电，备自投装置自动投入 0 号站用变压器低压侧 Ⅰ（Ⅱ）母线开关。有备用母线备自投方式如图 2-8 所示。

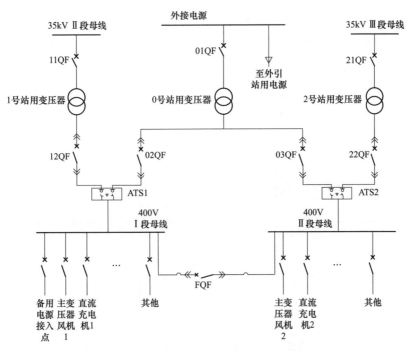

图 2-7　无备用母线 ATS 自投方式

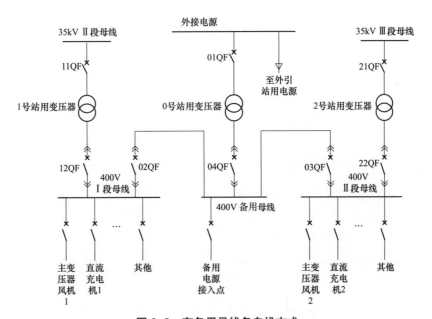

图 2-8　有备用母线备自投方式

2）220kV 变电站。系统内，220kV 变电站站用交流电源系统主要有四种供电网络方式。

a）两变压器有备投方式。400V 系统采用单母分段连接方案，1 号站用变压器带 I 段母线运行，2 号站用变压器带 II 段母线运行，设置 I、II 段联络开关。设置 400V 备自投装置，实现 I、II 段母线间自动切换。两变压器有备投方式如图 2-9 所示。

b）两变压器 ATS 自投方式。1 号站用变压器通过 ATS1 带 Ⅰ 段母线运行，2 号站用变压器通过 ATS2 带 Ⅱ 段母线运行。通过 ATS 实现 1 号站用变压器与 2 号站用变压器的电源切换。两变压器 ATS 自投方式如图 2-10 所示。

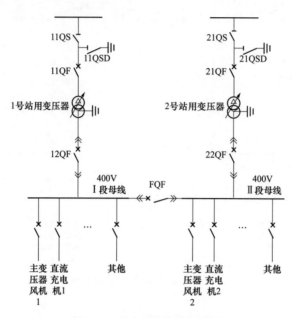

图 2-9　两变压器有备投方式

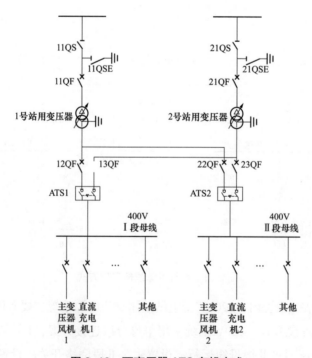

图 2-10　两变压器 ATS 自投方式

c）三变压器 ATS 自投方式。1 号站用变压器、3 号站用变压器通过 ATS1 带 Ⅰ 段母线运行，2 号站用变压器、3 号站用变压器通过 ATS2 带 II 段母线运行。通过 ATS 实现 1、2 号站用变压器与 3 号站用变压器的电源切换。三变压器 ATS 自投方式如图 2-11 所示。

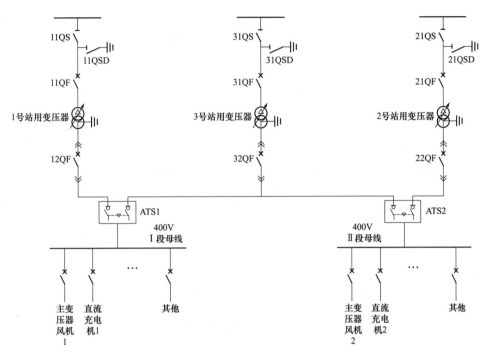

图 2-11　三变压器 ATS 自投方式

d）两变压器无备投方式。接线方式与两变压器有备投方式相同，但不装设备自投装置。

3）110kV 及以下变电站。110kV 及以下变电站站用交流电源系统主要有三种供电网络方式。

a）双 ATS 自投方式。与 220kV 变电站两变压器 ATS 自投方案一致。

b）单 ATS 自投方式。400V 母线负荷由 1 号或 2 号站用变压器通过 ATS 装置供电，通过 ATS 实现 1 号、2 号站用变压器电源切换。单 ATS 自投方式如图 2-12 所示。

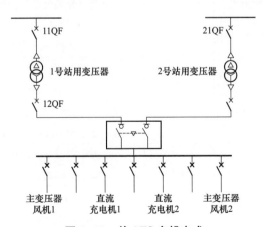

图 2-12　单 ATS 自投方式

c）单母线分段方式。接线与两变压器有备投方式相同，无电源自动切换装置。单母线分段方式如图 2-13 所示。

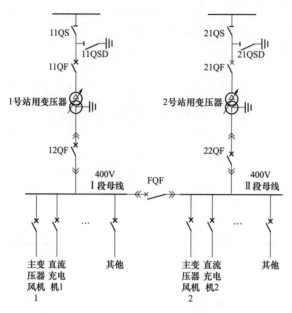

图 2-13　单母线分段方式

2.1.2　站用交流电源系统主要问题分类

按类型分析。通过广泛调研，共提出主要问题 15 大类、31 小类。站用交流电源系统主要问题分类如表 2-1 所示，各类问题占比如图 2-14 所示。

表 2-1　　　　　　　　　站用交流电源系统主要问题分类

问题分类	占比（%）	问题细分	占比（%）
开关的低电压脱扣功能配置不当	12.3	进线开关低压脱扣器配置不当	8.2
		负荷侧开关欠压保护设置不当	2.7
		接触器切换回路低压释放	1.4
电源自动切换功能不完善	9.15	备投于故障母线	4.1
		接触器切换回路切换失效	2.7
		ATS 切换失效	2.7
110kV 及以下变电站站用变压器电源不可靠	9.5	单主变压器、单站用变压器问题	6.8
		站用变压器进线电源来自同一系统	2.7
部件设计不合理	9.6	屏柜内设备安装位置不当	5.5
		端子排样式、质量不统一	2.7
		端子排交直流同串	1.4
站用交流系统级差失配	8.2	进线开关与馈线开关级差不配合	4.1
		自动切换装置定值失配	2.7

续表

问题分类	占比（%）	问题细分	占比（%）
站用交流系统级差失配	8.2	低压定值整定管理不规范	1.4
交流供电方式不规范	8.2	站用电负荷分配不合理	5.5
		辅助系统供电不可靠	2.7
应急电源接入点配置不当	6.8	无临时电源接入点问题	6.8
站用交流系统测控功能不规范	6.8	测控接入信息不规范	4.1
		站用电低压开关无法遥控	2.7
电气绝缘、过电压防护不达标	6.9	交流设备绝缘防护不达标	5.5
		交流设备过电压防护不达标	1.4
元器件发热问题	5.5	接触不良导致发热	4.1
		设备老化导致发热	1.4
110kV 及以下变电站站用电接线不可靠	5.5	单母线停电引发全站交流失电	5.5
220kV 变电站站用电接线方式不规范	1.4	220kV 变电站站用电接线方式不规范	1.4
330kV 及以上变电站站用电接线方式不规范	1.4	330kV 及以上变电站站用电接线方式不规范	1.4
进线电缆保护范围未覆盖	1.4	进线电缆保护范围未覆盖	1.4
其他	7.0	站用变压器本体问题	2.8
		设备超期服役	1.4
		违反运行规程，误合环	1.4
		一体化电源死机	1.4

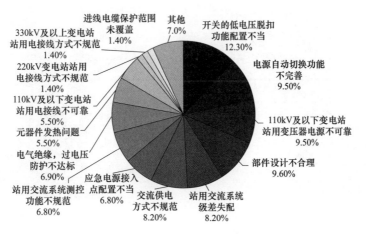

图 2-14　站用交流电源系统各类问题占比

2.1.3 站用交流电源系统可靠性提升措施

（1）优化开关低压脱扣功能。

1）现状及需求。

部分变电站 400V 进线开关装有低压脱扣器，当外部电网发生严重故障引起系统电压瞬时降低时，低压脱扣动作导致交流失电。低压脱扣动作引发全站失电事故在系统内已发生多次。

需要在设计阶段明确交流进线开关以及负荷对低电压保护需求，合理选择和设置低压保护电器。合理选配低压保护电器，能够避免外部电网故障引起电压降低而导致的开关误动，提高站用交流供电的可靠性。

案例 1：110kV 某变电站用交流系统配置有低压脱扣装置。2013 年 6 月，10kV Ⅰ 母出线发生短路故障，电压瞬时波动造成站用交流电源系统主供进线电源断路器欠压脱扣跳闸，达到了失压脱扣定值，造成全站低压交流系统失电。

案例 2：2011 年 7 月 11 日，330kV 某变电站由于系统电压波动，站内站用低压系统过低，造成 1 号主变压器风冷全停跳闸。变压器风冷控制回路有两路交流进线电源，各接有一个电源监视器（kV1、kV2），此电源监视器含有过电压保护及欠压保护功能，两路欠压保护定值均整定为 350V（未设置延时），当 35kV 系统电压降低导致站用变压器低压侧低于 350V 时，引起电源监视器欠压保护动作，切断冷却器控制回路，造成冷却器全停故障。

案例 3：110kV 某变电站 35kV 侧出线线路发生接地故障，导致 35kV Ⅰ 段母线电压瞬间波动，电压低于交流接触器释放电压值，接触器失磁脱扣，造成全站交流失电。

2）具体措施。

a）新建变电站站用交流系统 400V 进线断路器不配置低压脱扣器。

b）进线开关装有无延时低压脱扣器的，应拆除，不具备拆除条件的，应更换开关，带延时低压脱扣器的，应整定大于 4s 的延时。低压脱扣器安装 / 拆卸示意图如图 2-15 所示。

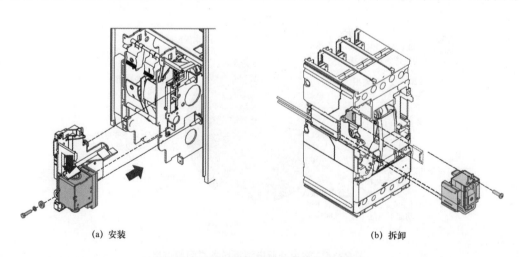

             （a）安装   （b）拆卸

图 2-15 低压脱扣器安装 / 拆卸示意图

c）对电压敏感型负荷，如风冷电机，在负荷侧安装低压保护电器，低压保护电器应延时动作，延时时间躲过外部故障最长切除时间。

d）变电站新投运或改造时，应测试低压保护电器动作电压、动作时间。

e）进线安装接触器的交流系统，接触器保持线圈的释放电压不高于 50% 额定电压。

（2）完善电源自动切换功能。

1）现状及需求。

部分变电站站用电源自动切换装置存在合于故障母线、切换失败以及主备电源同时失电时无法恢复的情况。

需进一步完善 400V 双电源自动切换装置的动作逻辑，提高装置切换性能。

案例 1：750kV 某变电站发生单相接地故障，站内交直流配电室的分支断路器未跳闸，故障越级，由于该变电站备自投装置功能不完善，低压故障时未能闭锁备自投装置，合于故障设备，引起一系列保护及自动装置动作跳、合闸，最终造成 3 台变压器全部跳闸，站用电全失。

案例 2：110kV 某变电站安装 2 台主变压器，配置 2 台接地变压器兼站用变压器，分别接于该站 10kV Ⅰ、Ⅱ母线上；110kV 进线两条，采用进线备投方式。2014 年，该变电站主供电源 110kV Ⅰ母线发生短路故障，变电站短时全站失电，同时失去站用电。备用 110kV 线投入成功后，因站用 400V 交流屏切换回路设计不合理，未考虑双路电源短时失去时备自投功能，造成站用电未能自动投入，全站失去站用电源。

2）具体措施。

a）进线开关保护动作后输出事故跳闸触点，闭锁电源自动切换装置。

b）站用变压器低压侧零序过电流保护和站用变压器过电流保护应具备保护动作输出触点，保护动作后闭锁电源自动切换装置。

c）对于装设电子脱扣器的 400V 开关，进线开关限时速断保护宜延迟馈线开关 0.3s 动作，通过进线开关与馈线开关的时间定值配合判断母线故障。

d）变电站站用交流切换功能不采用交流接触器方式。

e）在站用变压器交流电源同时失电后，站用交流电源系统备自投装置不应动作，避免备投于故障造成设备冲击以及全站失电问题。

f）对采用 ATS 且无分段联络开关的站用电交流系统，宜选择带旁路的 ATS 设备。带旁路的 ATS 设备原理图如图 2-16 所示。

（3）提高 110kV 及以下变电站站用变压器电源可靠性。

1）现状及需求。

110kV 及以下变电站站用变压器电源大量存在"单

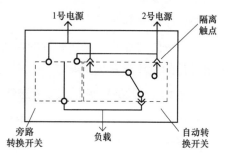

图 2-16　带旁路的 ATS 设备原理图

主变压器、单站用变压器"和站用电电源点来自同一系统的情况，站用电源可靠性低。

需要对 110kV 及以下变电站站用变压器电源进行优化设计，提高站用电电源可靠性。

案例 1：110kV 某变电站安装有 1 台主变压器、2 台站用变压器，均接于该变电站 10kV 系统。2014 年 6 月，该变电站其中一条 10kV 线路发生短路故障，线路保护动作，但由于该线路断路器分闸线圈烧毁，断路器分闸不成功，造成事故扩大，该变电站 1 号主变压器低后备保护动作跳开主变压器侧总开关。由于该变电站 2 台站用变压器电源均来源于 10kV Ⅰ段母线，造成该站2 台站用变压器同时失压，站内低压交流电源失去。站用变压器配置如图 2-17 所示。

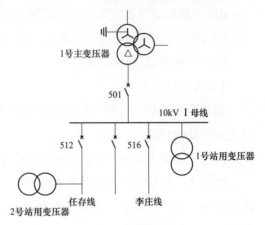

图 2-17　站用变压器配置

案例 2：110kV 某变电站内仅有一台站用变压器，1 号主变压器及三侧开关检修，35kV/10kV 负荷均已转移，接在 10kV Ⅰ段母线的站用变压器失电，造成站用交流电源失去，现场紧急调用发电车临时供电，供电可靠性降低，存在严重安全隐患。

2）具体措施。

a）新建变电站应严格执行《国家电网公司防止变电站全停十六项措施》9.1.1 条款"变电站应至少配置两路不同的站用电源，不同外接站用电源不能取至同一个上级变电站"。

b）对于配置双主变压器的 110kV 及以下变电站，宜采用双站用变压器配置。

c）对于配置单主变压器的 110kV 及以下变电站，宜采用 35kV 进线 T 接和 10kV 母线取电配置双站用变压器。对于进线 T 接困难的变电站，宜保留基建施工电源作为第二站用电源。

d）各电压等级变电站按区域配置容量、数量足够的应急发电车或发电机，保障特殊情况下，站用变压器停电后，站内负荷正常运行，应急发电车容量不宜低于 20kVA。

（4）优化交流屏组部件布局。

1）现状及需求。

部分变电站站用电系统中，存在交流屏组部件位置或尺寸不合理、安装不合规，导致不方便运维检修等情况。

需要针对检修、操作频繁的设备，提前考虑实际运行环境，在设计及产品阶段明确相关组部件的设计及安装要求。

案例 1：220kV 变电站交流进线屏开关接线位置设置不当，进线开关接线位置设计过高或者过低，在工作过程中，接线或拆除过程极其不便，如图 2-18 所示。

案例 2：220kV 变电站交流屏装设的端子排仅适合接入 2.5mm² 电缆，没有考虑重负荷馈线采用的 4、6mm² 电缆，现场更换交流屏过程中发现接线不便，如图 2-19 所示。

图 2-18　进线开关接线位置安装过低

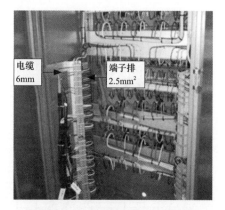

图 2-19　接线端子排尺寸不合理

2）具体措施。

a）交流进线屏中正常工作时经常操作的设备布置位置离地面 800 ～ 1500mm，屏柜内端子排、接线端子至地面距离不小于 350mm。

b）交流屏柜柜门应开闭灵活，开启角不小于 90°。

c）每个安装单位应有其独立的端子排，同一屏上有几个安装单位时，各安装单位端子排的排列应与平面布置相匹配。

d）端子排及内配线应满足载流要求。

e）交流屏柜内应避免交、直流接线出现在同一段或串端子排上。

（5）优化站用交流系统级差配合。

1）现状及需求。

站用交流级差失配问题突出。上下级空气开关未进行级差配合，支路故障造成上级开关越级跳闸，扩大停电范围；上下级切换回路未进行级差配合，下级双回路切换早于上级备自投动作，造成站用电重要负荷集中于一段母线。

需优化站用电系统上下级空气开关及切换回路动作电流、时间级差配合。

案例 1：500kV 某变电站送电操作时，5011 汇控柜内加热器内部故障，与该加热器空气开关相连的三级空气开关均同时跳闸，导致整串交流环路电源失去。检查发现三级空气开关选型时虽脱扣电流已经考虑级差（依次是 C16、K40、C63），但 C 型曲线和 K 型曲线在 8 倍以上大电流时存在重叠区，故支路大电流故障时将导致越级跳闸。C 型、K 型脱扣曲线对比如图 2-20 所示。

案例 2：500kV 某开关站生活泵房由于自动上水阀门损坏，造成泵房溢水，1、2 号生活水泵均被水淹，进行烘干处理后，由于室内湿度大，1 号泵在启动过程中发生接地短路。1 号生活水泵发生接地后，由于站内低压开关的级差配置不合理，生活泵房配电柜总空气开关及 380V Ⅱ段母线所带生活泵房的馈线空气开关不能瞬时切除故障，造成 2、1 号站用变压器低压零序Ⅰ段先后动作出口，站内重要负荷只能由柴油发电机供电。

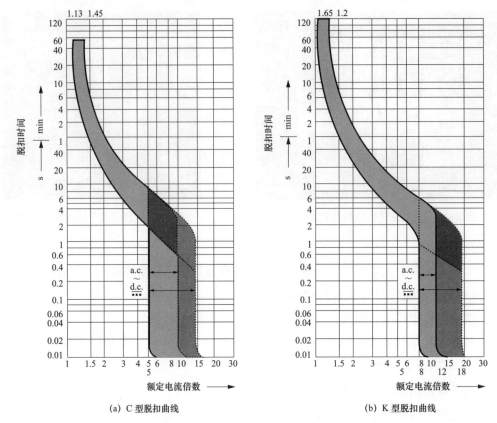

(a) C 型脱扣曲线　　　　　　　　　(b) K 型脱扣曲线

图 2-20　C 型、K 型脱扣曲线对比

2）具体措施。

a）站用交流系统开关应选择动作特性一致的产品，避免不同产品动作特性误差造成级差配合困难。

b）站用交流电源系统保护层级设置不应超过四层，馈线断路器上下级之间的级差不应少于两级。

c）设计图纸中应包含站用电交流系统图，图中应标明级差配合及交流环路。

d）站用变压器低压总断路器应带延时动作，上下级保护电器应保持 0.3s 时间级差，确保当馈线末端发生短路时，馈线断路器先于总断路器动作，下级开关应快于上级开关。

e）馈线开关电流保护瞬时动作，分段开关延时 0.3s 动作，进线开关延时 0.6s 动作。

f）对于馈线保护灵敏度达不到要求的支路，馈线开关宜采用带电子脱扣的断路器。

g）400V 进线的电源自动切换装置动作延迟时间应躲过电网瞬时故障最长切除时间和上一级自动投入装置切换时间。

h）负荷侧的双电源切换装置动作延迟时间应躲过 400V 进线开关电源自动切换时间。

（6）优化站用电负荷供电方式。

1）现状及需求。

站用交流系统三相负荷分配不均，造成三相电压严重不平衡，影响站用其他负荷工作。变电站无专用辅助系统交流馈线屏，辅助系统供电可靠性低，一旦电源失电，将造成整个辅助系统失电。

案例：220kV 某变电站 35kV 开关柜交流电源中，因柜内加热器多数接于 B 相交流电，当仅一段电源供电时，造成 35kV 开关柜交流电源 B 相总熔丝熔断。

2）具体措施。

a）站用重要负荷（风冷控制、直流充电机电源）的双电源供电应从站用电不同母线引接，并能实现就地自动切换，站用变压器三相所承担负荷应分配合理，确保系统三相电流平衡。

b）断路器、隔离开关的操作及加热负荷，可采用双回路供电方式；检修电源网络宜采用按配电装置区域划分的单回路分支供电方式。

c）220kV 及以上的变电站配置辅助系统专用交流馈线屏，该馈线屏应用两路交流电源且取自不同母线，并能够实现自动切换；需两路电源供电的辅助系统应从馈线屏上直接取两路电源；需单路电源供电的辅助系统，取馈线屏切换后的电源，出线馈路应安装防雷装置。

（7）提高应急电源接入便利性。

1）现状及需求。

目前，应急电源接入无统一要求，各单位应急电源接入方式也不尽相同，存在大量应急电源接入点位置不合理的问题，造成紧急抢修时应急电源接入困难，不利于快速恢复供电。

需规范和明确应急电源接入方式，提高紧急抢修状况下应急电源接入便利性，为紧急抢修提供有效保障。

2）具体措施。

a）220kV 及以上变电站每段母线的馈线屏柜预留一回支路作为应急电源接入支路，支路断路器额定电流不小于 400A，通过电缆引接至户外应急电源开关箱。

b）户外的应急电源开关箱应靠近检修道路，箱内所用断路器额定电流不小于 400A，应有防潮和防止小动物侵入的措施。落地安装时，底部应高出地坪 0.2m。

c）110kV 及以下变电站每段母线的馈线屏柜预留一回支路作为应急电源接入支路。

（8）优化站用交流系统测控功能。

1）现状及需求。

目前，站用交流系统测控接入信息无统一规定，设计单位、制造厂家对变电站交流系统测控信息表理解不一致或了解不全面，导致监控信息缺失或采集错误，造成监控不到位。

需优化站用交流系统测控功能，避免出现信息采集不完整或者信息丢失问题。

案例：110kV 某变电站采用单母线接线，高压进线瞬时故障导致站用交流进线开关低压脱扣动作，故障消失后，站用变压器重新带电，但是由于低压进线开关已经跳开，需到现场手动合闸送电，导致交流母线无法及时恢复送电。

2）具体措施。

a）交流母线电压、交流进线电流、交流进线开关位置状态、ATS 开关位置状态、分段开关位置、馈线屏所有开关位置状态、跳闸报警信息等重要信息经测控装置上传至站内后台。

b）站用交流系统进线断路器、母线分段断路器以及站用变压器有载调压分接开关等元件，应具备监控系统远方控制的功能。站用交流进线断路器、母线分段断路器及其他需设控制回路的元件，应能在配电屏上就地进行控制。

（9）提升交流设备绝缘、过电压防护水平。

1）现状及需求。

部分供应商因装配工艺不良，未严格按照标准要求进行绝缘防护、过电压防护，如屏柜内部采用裸露母排、电压保护器设置不合理，造成运维检修困难。

需明确相关组部件绝缘、过电压防护要求，提升站用交流电源系统的绝缘和过电压防护能力。

案例：110kV 某变电站母线排未采取绝缘热缩处理，在进行维护或其他工作时，存在人员误碰触电的风险，危及到人身安全，母排未加装绝缘包封如图 2-21 所示。

2）具体措施。

a）室外运行的站用变压器，应在站用变压器高、低压侧接线端子处加装绝缘罩，引线部分应采取绝缘措施。站用变压器母排应加装绝缘护套。

图 2-21　母排未加装绝缘包封

b）屏柜内主母线三相进线应错落布置，加装绝缘包封，保持绝缘距离，避免相间短路及防检修人员误触碰。

c）对于塑壳断路器、微型断路器屏内较密集排列组装的，开关之间应做好绝缘隔离措施，宜加装绝缘隔离板，防止单一空气开关接线端子短路弧光引发全屏柜烧毁事故。屏柜开关防火隔板示意图如图 2-22 所示。

d）站用交流电源系统应安装 B-C-D 三级过电压防护措施，站用交流电源柜的进线处应安装 B 级过电压保护器，馈出处应安装 C 级过电压保护器，重要设备的前端加装 D 级过电压保护器。

（10）防止元器件发热问题。

1）现状及需求。

接线端子接触不良、螺钉未拧紧、设备老化等问题导致的接口以及设备发热问题较为普遍。

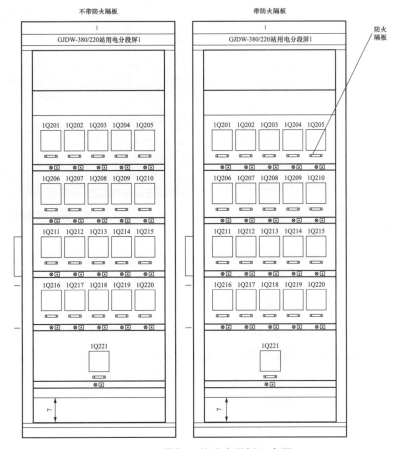

图 2-22　屏柜开关防火隔板示意图

需要针对接触不良、设备老化问题制订提升措施，改善元器件发热问题。

案例 1：220kV 某变电站进行红外测温时，发现该变电站 1 号交流馈电屏内，110kV 检修电源空气开关下口三相测温达 98℃，下口绝缘部分有明显炭痕。经检查发现，屏柜安装接线使用的是铝导线，且未使用铜铝过渡接头，铜铝接触部分腐蚀严重，阻抗增加，导致桩头接触点发热。空气开关下口发热情况如图 2-23 所示。

图 2-23　空气开关下口发热情况

案例2：110kV某变电站火灾报警信号动作，现场检查发现保护室交流低压屏内有火光和放电声，即断开35kV站用变压器高压侧电源，进行灭火处理。经查，站用交流电源系统所供生活用电电缆投运时间过长，且馈出回路采用铝电缆，而低压屏元件都采用铜质原料，铜、铝结合部分氧化严重，出现接触不良，在负荷较大时发热、起火，导致了此次事故。现场烧毁的屏柜如图2-24所示。

图2-24 现场烧毁的屏柜

2）具体措施。

a）在产品设计阶段，制造厂应合理布局柜内二次元件，避免元件过于集中，影响柜内散热。屏柜后柜门应设计通风通道；屏柜内安装散热风扇，并根据屏柜内部温度实现风扇自启动。

b）站用交流系统电缆应选择铜导线，以减少导线的发热和损耗。

c）交流母排应选用铜排（不得选用铝排），使用绝缘阻燃材料进行包封。

d）站用交流电源系统的外接导线端子应保证维持适合于相关元件、电路的负荷电流和短路强度所需的接触压力，流过最大负荷电流时不应由于接触压力不够而发热，流过故障短路电流时不应造成动热稳定破坏。

（11）合理选择110kV及以下变电站站用电接线方式。

1）现状及需求。

按照规程设计要求，110kV及以下变电站交流系统采用单母线接线方式，全站仅有一段母线，当母线失电时，全站交流负荷失电。

需要在设计阶段合理选择110kV及以下变电站交流系统接线方式，降低母线故障时全站失电风险。110kV及以下变电站站用电典型接线方式如图2-25所示。

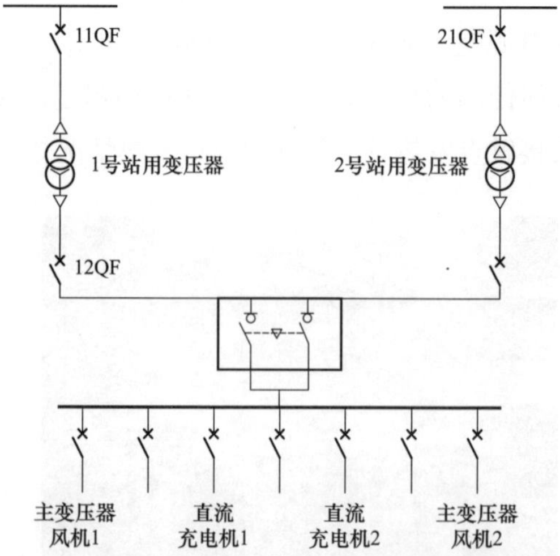

案例：110kV某变电站的交流电源系统的配置为单ATS切换单母线，2015年8月该站6kV母线故障，1号站用变压器停电，ATS动作切换，但是ATS本体故障，无法投入至2号电源，致使全站失去交流电源，直到运行值班人员手动恢复交流供电。

2）具体措施。

a）110kV及以下变电站站用电母线采用按工作变压器划分的单母线。相邻两段工作母线间可配置分段或联络断路器，但宜同时供电

图2-25 110kV及以下变电站站用电典型接线方式

分列运行。两段工作母线间不宜装设自动投入装置。采用按工作变压划分的单母线方式，在 1 号（2 号）站用变压器 ATS、母线检修或故障情况下，仍能够依靠 2 号（1 号）站用变压器系统正常供电，不会出现全站失电情况。

b）110kV 及以下变电站站用电宜采用两变压器 ATS 自投方式。110kV 及以下变电站站用电推荐接线方式如图 2-26 所示。

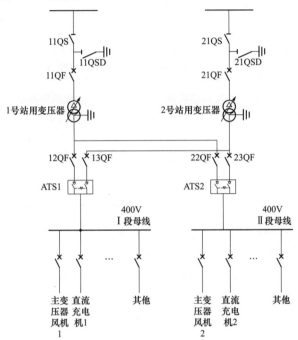

图 2-26　110kV 及以下变电站站用电推荐接线方式

（12）合理选择 220kV 变电站站用电接线方式。

1）现状及需求。

目前，220kV 变电站站用电系统有 12 家单位采用两变压器 ATS 自投方案，有 8 家单位采用两变压器有备投方式，有 1 家单位采用三变压器 ATS 自投方式，14 家单位采用两变压器无备投方式。不同接线方式设备配置方案、运行检修方式不同，给站用交流运维带来诸多不便。220kV 变电站站用电系统应从设计层面合理选择接线方式，解决接线方式多样、运维检修不方便的问题。

2）具体措施。

a）220kV 变电站宜从主变压器低压侧分别引接两台容量相同、可互为备用、分列运行的所用工作变压器。

b）220kV 变电站站用电母线采用按工作变压器划分的单母线。相邻两段工作母线间可配置分段或联络断路器，但宜同时供电分列运行。两段工作母线间不宜装设自动投入装置。

c）220kV 变电站站用电系统宜采用两变压器 ATS 自投方式，备投方式对比如表 2-2 所示。

表 2-2   220kV 变电站站用电系统备投方式对比

对比项	两变压器有备投方式	两变压器 ATS 自投方式	三变压器 ATS 自投方式	两变压器无备投方式
安全性	存在两段母线并列的风险	不存在双电源并列风险	不存在双电源并列风险	存在两段母线并列的风险
可靠性	自动投切备用电源，速度快	自动投切备用电源，速度快	自动投切备用电源，速度快	手动投切备用电源，速度慢
投资成本	安装备自投设备，投资低	安装两套 ATS 和两台进线开关，投资中等	安装一台站用变压器、两套 ATS 和一台进线开关，投资高	无额外投资
运维便利性	存在备自投二次、连锁回路	二次回路简单	二次回路简单	存在连锁回路

（13）合理选择 330kV 及以上变电站站用电系统接线方式。

1）现状及需求。

目前，330kV 及以上变电站站用交流电源系统有 22 家单位采用无备用母线备自投方式，有 6 家单位采用无备用母线 ATS 切换方式，有 2 家单位采用有备用母线备自投方式。不同接线方式设备配置方案、运行检修方式不同，给站用交流运维带来诸多不便。330kV 及以上变电站站用电系统应从设计层面合理选择接线方式，解决接线方式多样、运维检修不方便的问题。

2）具体措施。

a）330kV 及以上变电站的主变压器为两台（组）及以上时，由主变压器低压侧引接的所用工作变压器台数不宜少于两台，并应装设一台从所外可靠电源引接的专用备用变压器。

b）每台工作变压器的容量宜至少考虑两台（组）主变压器的冷却用电负荷。专用备用变压器的容量应与最大的工作变压器容量相同。

c）初期只有一台（组）主变压器时，除由站内引接一台工作变压器外，应再设置一台由所外可靠电源引接的站用工作变压器。

d）330kV 及以上变电站电源自投方案优先采用无备用母线备自投方式，备投方式对比如表 2-3 所示。

表 2-3   330kV 及以上变电站电源备投方式对比

对比项	无备用母线备自投方式	无备用母线 ATS 切换方式	有备用母线备自投方式
安全性	连锁回路不当时，存在母线并列的风险	连锁回路不当时，存在母线并列的风险	连锁回路不当时，存在母线并列的风险
可靠性	备自投技术成熟，可靠性高	大容量 ATS 不可靠，损坏后造成母线失电	备自投技术成熟，可靠性高

续表

对比项	无备用母线备自投方式	无备用母线 ATS 切换方式	有备用母线备自投方式
投资成本	配两台备自投设备，投资低	配两套 ATS 设备，投资高	配置两台备自投设备，增加一段母线，投资中等
运维便利性	存在备自投二次、连锁回路	存在连锁回路	存在备自投二次、连锁回路

（14）防止设备出现保护覆盖死区。

1）现状及需求。

部分地区站用变压器低压侧至交流屏间低压电力电缆保护灵敏度不足，一旦出现故障，易造成事故扩大。

需在设计阶段合理配置站用交流系统保护，防止出现设备保护死区。

2）具体措施。

a）对高压侧采用断路器的站用变压器，高压侧应设置电流速断保护和过电流保护，以保护变压器内部、引出线及相邻元件的相间短路故障，保护动作于变压器各侧断路器跳闸。

b）当站用变压器与站用交流配电柜（屏）采用长电缆连接时，应进行保护配置灵敏度校验，如不能满足要求，建议站用变压器配置差动保护，利用高压侧 TA 与站用交流配电柜进线 TA 构成差动保护，将低压电缆纳入站用变压器差动保护范围。差动保护方案如图 2-27 所示。

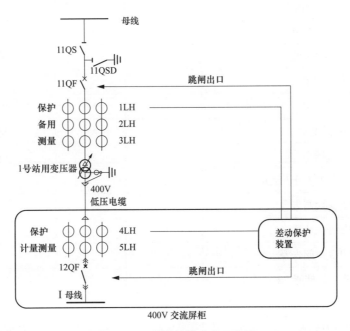

图 2-27　差动保护方案示意图

2.1.4 站用交流电源系统智能化关键技术

研发智能变电站用交流电源测控装置。通过广泛调研，共提出智能化关键技术 1 项。

（1）现状及需求。

目前，站用交流电源系统通过公用测控或独立监控单元仅能采集母线电压、进线开关状态等信息，未能采集馈线开关状态信息；主备电源切换通过备自投或 ATS 等装置实现。系统运行监视不全面、自动控制功能分散、后台操控功能缺失等问题突出。

需设置智能站用交流电源测控装置（简称测控装置），实现交流电源系统信息全采集、开关综合控制、信息全景展示等功能，并上传站端一体化监控平台。站用交流电源系统信息采集及自动控制全部由测控装置实现，对其可靠性要求较高，重要变电站需冗余配置。

（2）优缺点。

1）特点及优势。通过一台测控装置，能实现以下功能：

a）信息全面采集：每个馈线屏增设馈线智能采集模块（简称采集模块），简化信息采集传输二次接线，实时监视馈线开关状态，实现站用交流系统信息全采集，并对电源过电压、欠压、缺相、三相不平衡等异常信息进行告警。交流电源系统采集的信息须包含（但不限于）以下几条，如表 2-4 所示。

表 2-4 交流电源系统采集的信息

名称	开关量	模拟量	备注
交流母线三相电压		√	直采
交流进线三相电压		√	直采
交流进线三相电流		√	直采
进线零序电流		√	直采／计算
有功功率		√	电能表通信
无功功率		√	电能表通信
功率因数		√	电能表通信
交流频率		√	电能表通信
进线开关位置（分／合）	√		直采
进线开关跳闸告警	√		直采
分段开关位置	√		直采
分段开关跳闸告警	√		直采
开关储能状态（已储能／未储能）	√		直采
交流进线切换装置位置	√		直采
ATS 切换动作	√		根据现场实际可选

续表

名称	开关量	模拟量	备注
400V 备自投动作	√		根据现场实际可选
母线电压异常告警	√		直采
测控装置电源状态	√		直采
测控装置通信异常	√		直采
测控装置工作状态	√		直采
馈线开关跳闸告警	√		直采
馈线开关位置	√		直采
交流输入缺相	√		
三相不平衡	√		
交流母线过电压	√		
交流母线欠压	√		
频率异常	√		

b）开关综合控制：测控装置具备 400V 进线和分段开关遥控操作、开关逻辑连锁、双电源自动切换等功能。可替代备自投、ATS 等自动切换装置。

c）信息全景展示：测控装置实现站用交流电源系统遥信、遥测信息采集和开关遥控，以模拟图的方式展示交流电源系统的电气主接线图及各设备运行状态，并上传至一体化监控平台。站用交流电源监控系统接线图如图 2-28 所示。

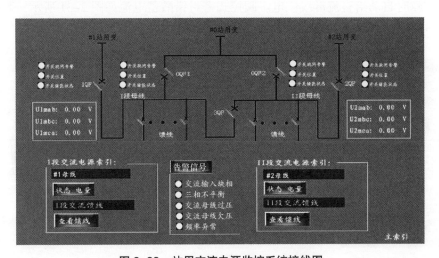

图 2-28　站用交流电源监控系统接线图

2）缺点及目前存在的不足。站用交流电源系统信息采集及自动控制全部由测控装置实现，对其可靠性要求较高，重要变电站需冗余配置。

（3）技术成熟度及难点。

国内厂家已具备传感器和智能组件的制造技术。难点在于测控装置需要有效集成信息采集、双电源切换、开关连锁等功能模块，并实现可靠动作。

2.2 站用直流电源系统

2.2.1 站用直流电源系统简述

站用直流电源系统一般由充电装置、直流馈电屏、蓄电池组、馈电网络等组成，其主要作用是为站内电气部分的保护、控制、信号、测量和开关设备的操动机构等提供工作电源。站用直流电源系统如图 2-29 所示。

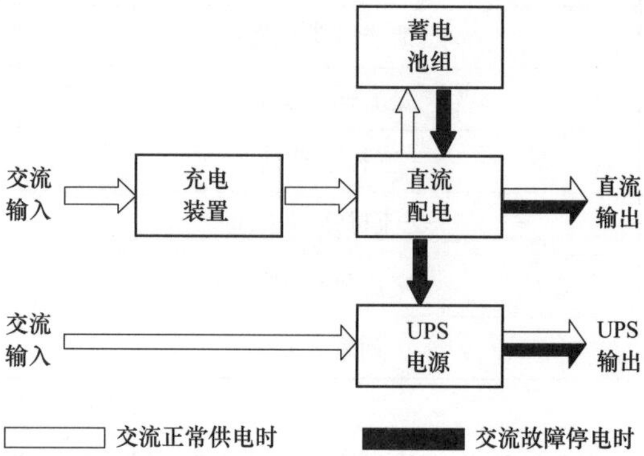

（1）充电装置。充电装置由多个充电模块和监控模块组成，将交流电转换成直流电，给直流母线供电和蓄电池组充电。充电装置如图 2-30 所示。

（2）蓄电池组。蓄电池是储存直流电能的

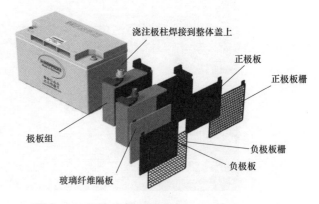

图 2-29 站用直流电源系统示意图

一种设备，能将电能转变为化学能储存（充电），使用时再把化学能转变为电能（放电）。蓄电池组是用电气方式连接起来的用作能源的多个单体蓄电池，作为后备电源，在交流停电或充电装置故障时自动给直流母线供电。阀控式密封铅酸蓄电池如图 2-31 所示，蓄电池组如图 2-32 所示。

图 2-30 充电装置

图 2-31 阀控式密封铅酸蓄电池示意图

（3）直流馈电屏。直流馈电屏由微型直流断路器和绝缘监测装置组成，对直流电进行分配输出。直流馈电屏如图 2-33 所示。

图 2-32　蓄电池组

图 2-33　直流馈电屏

（4）常见配置及接线方式。

1）330kV 及以上变电站直流电源系统。330kV 及以上变电站直流电源系统配置两组蓄电池和三套充电装置。接线方式主要有三种：两电三充、单联络隔离开关方式；两电三充、双联动隔离开关方式；公用充电、单联络隔离开关方式。

a）两电三充、单联络隔离开关方式。1 号、2 号蓄电池组和 1 号、2 号充电装置分别接于一段直流母线上，3 号充电装置作为备用。两段直流母线之间配置 1 组联络隔离开关。两电三充、单联络隔离开关方式接线图如图 2-34 所示。

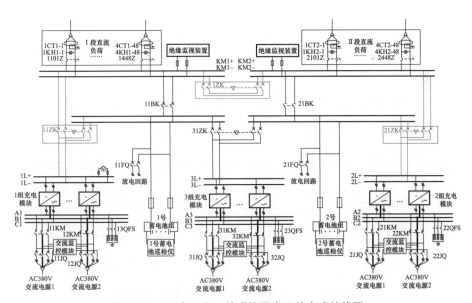

图 2-34　两电三充、单联络隔离开关方式接线图

b）两电三充、双联动隔离开关方式。1 号、2 号蓄电池组和 1 号、2 号充电装置分别接于一段直流母线上，3 号充电装置作为备用。两段直流母线之间配置 2 组联动隔离开关。两电三充、双联动隔离开关方式接线图如图 2-35 所示。

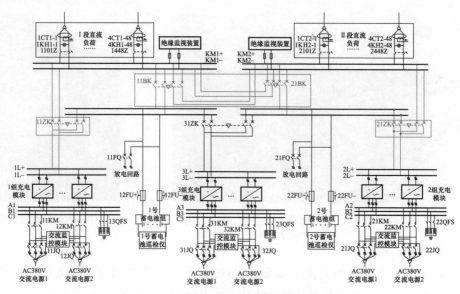

图 2-35　两电三充、双联动隔离开关方式接线图

c）公用充电、单联络隔离开关方式。1 号、2 号蓄电池组和 1 号、2 号充电装置分别接于一段直流母线上，3 号充电装置作为备用。两段直流母线之间配置 1 组联络隔离开关。公用充电、单联络隔离开关方式接线图如图 2-36 所示。

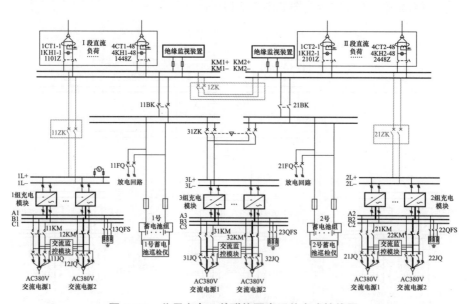

图 2-36　公用充电、单联络隔离开关方式接线图

2）220kV 变电站直流电源系统。220kV 变电站直流电源系统一般配置两组蓄电池组和两套充电装置。接线方式主要有四种：两电两充、单联络隔离开关方式；两电两充、双联动隔离开关方式；两电三充、单联络隔离开关方式；两电三充、双联动隔离开关方式。

a）两电两充、单联络隔离开关方式。配置 2 组蓄电池组，2 套充电装置。1、2 号蓄电池组和 1、2 号充电装置分别接于一段直流母线上。两段直流母线之间配置 1 组联络隔离开关。两电两充、单联络隔离开关方式接线图如图 2-37 所示。

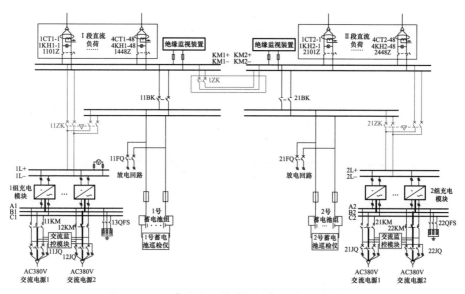

图 2-37 两电两充、单联络隔离开关方式接线图

b）两电两充、双联动隔离开关方式。配置 2 组蓄电池组，2 套充电装置。1、2 号蓄电池组和 1、2 号充电装置分别接于一段直流母线上。两段直流母线之间配置 2 组联动隔离开关。两电两充、双联动隔离开关方式接线图如图 2-38 所示。

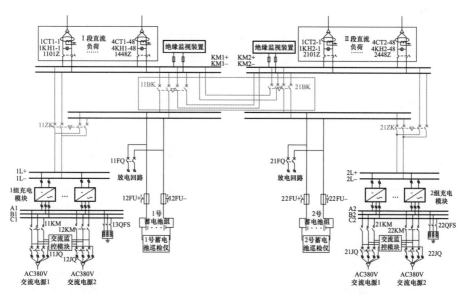

图 2-38 两电两充、双联动隔离开关方式接线图

c）两电三充、单联络隔离开关方式与 330kV 及以上变电站直流电源系统两电三充、单联络隔离开关方式一致。

d）两电三充、双联动隔离开关方式与330kV及以上变电站直流电源系统两电三充、双联动隔离开关方式一致。

3）110kV变电站直流电源系统。110kV变电站直流电源系统一般配置一组蓄电池组和一套充电装置。接线方式主要有三种：一电一充方式、一电两充方式、两电两充方式。

a）一电一充方式。配置1组蓄电池组，1套充电装置，蓄电池组和充电装置接于一段直流母线上。一电一充方式接线图如图2-39所示。

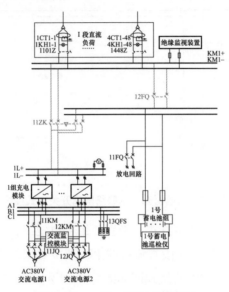

图2-39　一电一充方式接线图

b）一电两充方式。配置1组蓄电池组，2套充电装置，蓄电池和1、2号充电机接于两段直流母线上，1号或2号充电机作为备用。一电两充方式接线图如图2-40所示。

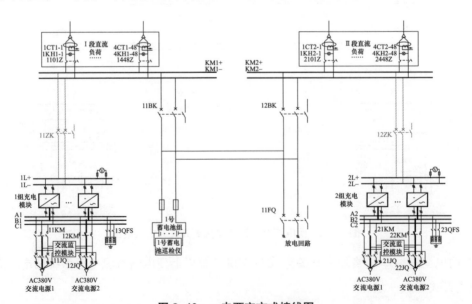

图2-40　一电两充方式接线图

c）两电两充方式与 220kV 变电站直流电源系统两电两充、单联络隔离开关方式相同。

4）35kV 变电站直流电源系统。35kV 变电站直流电源系统一般配置一组蓄电池组和一套充电装置。接线方式主要是一电一充方式，与 110kV 变电站直流电源系统一电一充方式相同。

2.2.2　站用直流电源系统主要问题分类

通过广泛调研，共提出主要问题 16 大类、35 小类。站用直流电源系统主要问题分类如表 2-5 所示，问题类型占比如图 2-41 所示。

表 2-5　站用直流电源系统主要问题分类

问题分类	占比（%）	问题细分	占比（%）
充电屏散热性能差	14	充电模块自身发热严重	8.9
		屏柜散热性能差	5.1
监控信息不全	11.5	告警信息采集不全	7.0
		开关状态监视功能不足	4.5
蓄电池组质量差	9.5	蓄电池出厂容量不达标	3.8
		蓄电池组容量持续性差	3.8
		蓄电池漏液问题	1.3
		蓄电池鼓肚问题	0.6
110kV 及以下变电站直流系统不可靠	8.9	接线方式不规范	5.7
		直流单母线接线	3.2
屏内元件布置不合理	8.3	蓄电池进线熔断器间距过窄	4.5
		母排未绝缘化	1.9
		母排未采用铜质材料	1.9
蓄电池组运行维护不方便	7.6	安装空间狭窄	3.8
		未设置专用蓄电池室	1.9
		蓄电池运行环境不满足要求	1.9
馈出网络设计不合理	7	环网供电方式	5.1
		小母线供电方式	1.9
级差配置不合理	6.4	直流断路器上下级失配	4.5
		直流断路器选型不当	1.9
充电模块故障率高	5.7	抗干扰性能差	5.1
		容量冗余不足	0.6

续表

问题分类	占比（%）	问题细分	占比（%）
不间断电源运行可靠性低	5.1	220kV 及以上变电站单套配置	3.2
		容量配置不足	1.9
绝缘监测装置功能不完善	4.4	不具备交流窜直流监测（录波）功能	3.2
		不具备蓄电池支路接地监测功能	0.6
		直流母线并列方式无法选线	0.6
蓄电池在线监测功能不完善	3.9	无法监测单体蓄电池内阻	1.3
蓄电池在线监测功能不完善	3.9	缺少单体蓄电池参数分析功能	1.3
		诊断手段不足、维护方式落后	1.3
充电模块通用性差	3.2	充电模块尺寸及接口方式不一致	3.2
监控系统功能不完善	3.1	监控装置分散，信息无法共享	1.9
		不具备远程操控功能	0.6
		无法实现全景化展示	0.6
220kV 变电站直流系统接线方式不规范	0.7	接线方式不规范	0.7
330kV 及以上变电站直流系统接线方式不规范	0.7	接线方式不规范	0.7

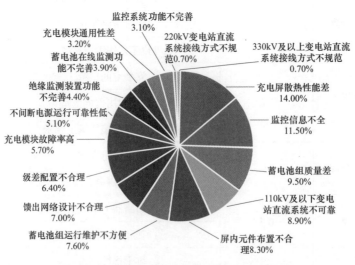

图 2-41　站用直流电源系统主要问题类型占比

2.2.3　站用直流电源系统可靠性提升措施

（1）改善散热性能。

1）现状及需求。

目前，直流电源系统存在元器件安装密集、自身发热严重、屏柜通风不畅等问题，导致元器件故障率高，供电可靠性下降。

需要优化屏内元器件布置，改善元器件自发热严重的状况，增强屏柜通风散热性能。

案例1：110kV某变电站直流电源2012年投入运行。充电模块配置为6×20A，模块排列紧密，没有通风散热措施，如图2-42所示。自运行以来多次发生充电模块烧毁事件，影响设备安全运行，增加现场运检工作量。

图2-42　模块安装紧密无散热措施长期运行导致内部元器件故障

案例2：110kV某变电站直流电源屏新设备投运一年内，直流监控装置频繁死机，造成站用直流系统遥测、遥信信号中断。主要原因为监控装置安装于充电模块上方，充电模块运行中产生热量向上散发，监控装置长期处于高温环境下运行导致装置频繁死机，如图2-43所示。

案例3：35kV某变电站发"1号直流充电屏故障、直流充电模块故障"等告警信号，现场检查发现，1号直流充电屏内1号直流充电模块风扇损坏，充电模块过温故障，如图2-44所示。主要原因为直流充电屏采用全封闭设计，散热性能差，一旦模块风扇出现故障，极易进一步造成充电模块发生过温故障。

图2-43　充电模块安装位置不正确造成上方装置故障

图2-44　直流充电屏柜门无通风设计

2）具体措施。

a）元器件额定电流及容量应不小于 2 倍冗余配置。各部件在额定负载下长期运行时的温升不超过表 2-6 中的规定。

表 2-6　　　　　　　　　　　　设备各部件的极限温升

部件或器件	极限温升（K）	部件或器件	极限温升（K）
整流管外壳	70	整流变压器、电抗器 B 级绝缘绕组	80
电阻发热元件	20（距外表 30mm 处）	铁心表面	不损伤相接触的绝缘零件
与半导体器件的连接处	55	母线连接处：铜—铜	50
与半导体器件连接的塑料绝缘线	25	母线连接处：铜搪锡—铜搪锡	60

b）充电模块宜优先选用自冷型。

c）直流屏内各元器件之间留存散热空间，充电模块间距不小于 50mm，确保散热效果。

d）充电屏内充电模块应安装于屏柜上部。

e）直流屏前后柜门应设计通风通道；屏柜内安装散热风扇，并根据温度实现自启动。

（2）提升直流电源系统运行状态监测能力。

1）现状及需求。

现有的站用直流电源系统监控无法实现蓄电池脱离直流母线、充电装置脱离母线、蓄电池组开路等重要故障、异常的报警和定位，缺少直流系统输入、输出断路器、隔离开关的分合状态组合识别功能。

需要完善直流电源系统运行状态监测信息，提升状态监视能力。

2）具体措施。

a）直流电源系统硬触点上送信号应包含（但不局限于）表 2-7 的内容。

表 2-7　　　　　　　　　　　　硬触点输出信息

信息规范名称	说明
交流电源故障	交流输入电压异常或失压
充电装置故障	充电装置无输出或脱离母线
直流电源接地故障	直流电源发生绝缘接地故障或交流窜入
直流电源母线电压异常	直流母线电压过电压或欠压时

信息规范名称	说明
蓄电池组脱离母线	蓄电池与母线未正确连通时（包含蓄电池熔丝熔断或隔离开关未投入）
蓄电池组开路故障	蓄电池组内部出现断点时
测控装置故障	测控装置自身故障时
总告警	上述任一告警均触发

b）直流电源系统监控软报文遥测、遥信应包含（但不局限于）表 2-8 的内容。表 2-8 以直流电源系统单套配置为例，配置多套同类电源设备时，相关设备信息应以 2、3 号等编号予以区分。

表 2-8 测控装置典型信息表

信息类别	信息规范名称	设备内部信息
遥测	交流输入电压（A、B、C）	交流输入 A、B、C 相电压
	充电装置输出电压	充电装置输出电压
	充电装置输出总电流	充电装置输出总电流
	充电模块输出电压（$1 \sim N$）	N 号整流模块输出电压
	充电模块输出电流（$1 \sim N$）	N 号整流模块输出电流
	直流母线电压	直流母线电压
	直流母线负荷电流	直流母线电流
	蓄电池组端电压	蓄电池组端电压
	蓄电池组电流	蓄电池组电流
	蓄电池组环境温度	蓄电池组环境温度
	单体蓄电池电压（$1 \sim N$）	N 号单体蓄电池电压
	单体蓄电池内阻（$1 \sim N$）	N 号单体蓄电池内阻
	直流母线正对地电压	直流母线正对地电压
	直流母线负对地电压	直流母线负对地电压
	直流母线正对地电阻	直流母线正对地电阻
	直流母线负对地电阻	直流母线负对地电阻
	支路正对地电阻（$1 \sim N$）	N 号支路正对地电阻
	支路负对地电阻（$1 \sim N$）	N 号支路负对地电阻

续表

信息类别	信息规范名称	设备内部信息
遥信 （故障）	交流电源故障	双电源切换后，模拟量采集判断，交流输入电压异常或失压时报警
	充电装置故障	程序综合判断，充电装置无输出或脱离母线时报警
	直流母线电压过高	程序综合判断，母线电压过高时报警
	直流母线电压过低	程序综合判断，母线电压过低时报警
	蓄电池组脱离母线	程序综合判断，运行方式或运行状态异常时报警
	蓄电池组开路故障	蓄电池采集模块判断，蓄电池组内部出现断点时报警
	直流母线接地故障	220V 系统绝缘电阻低于 $25k\Omega$ 时报警、110V 系统绝缘电阻低于 $15k\Omega$ 时报警
	直流馈线支路接地故障	绝缘电阻低于 $50k\Omega$ 时报警
	蓄电池组接地故障	根据正、负母线对地电压，程序综合判断
	直流电源交流窜入	直流母线、馈线交流窜入时报警
遥信 （异常）	交流输入 1 路电源异常	开入信息采集判断
	交流输入 2 路电源异常	开入信息采集判断
	交流输入防雷器失效	开入信息采集判断
	交流输入 1 路断路器跳闸	开入信息采集判断
	交流输入 2 路断路器跳闸	开入信息采集判断
	充电模块故障（$1 \sim N$）	通信信息采集判断
	充电装置输出断路器 1 跳闸	开入信息采集判断
	充电装置输出断路器 2 跳闸	开入信息采集判断
	蓄电池组充电过电流	模拟量采集判断
	蓄电池组端电压异常	模拟量采集判断
	蓄电池组核容测试不合格	放电测试程序判断
	蓄电池组环境温度异常	蓄电池采集模块判断

续表

信息类别	信息规范名称	设备内部信息
遥信 （异常）	单体蓄电池电压异常（$1 \sim N$）	蓄电池采集模块判断
	单体蓄电池内阻异常（$1 \sim N$）	蓄电池采集模块判断
	蓄电池组熔断器熔断	开入信息采集判断
	直流电源母线绝缘降低	220V 系统绝缘电阻低于 $50 \mathrm{k}\Omega$ 预警，110V 系统绝缘电阻低于 $30 \mathrm{k}\Omega$ 预警
	直流电源馈线支路绝缘降低	绝缘电阻低于 $100 \mathrm{k}\Omega$ 预警
	直流互窜	绝缘监测装置判断，两段直流电源母线及其馈出支路间的直流互窜
	馈电屏支路断路器跳闸（$1 \sim N$）	开入信息采集判断
	充电装置输入采集单元通信中断	通信程序判断
	充电装置输出采集单元通信中断	通信程序判断
	蓄电池组采集单元通信中断	通信程序判断
	直流母线采集单元通信中断	通信程序判断
	绝缘监测模块通信中断	通信程序判断
	蓄电池采集模块通信中断	通信程序判断
	直流电源开入采集模块通信中断	通信程序判断
	直流电源遥控操作模块通信中断	通信程序判断
	直流电源蓄电池放电模块通信中断	通信程序判断
遥信 （状态）	充电装置交流电源 1 路断路器状态	1- 合位，0- 分位
	充电装置交流电源 2 路断路器状态	1- 合位，0- 分位
	充电装置交流电源 1 路投入	1- 合位，0- 分位
	充电装置交流电源 2 路投入	1- 合位，0- 分位
	充电装置输出断路器 1 状态	1- 合位，0- 分位
	充电装置输出断路器 2 状态	1- 合位，0- 分位
	充电模块状态（$1 \sim N$）	1- 运行，0- 待机
	直流母线母联开关状态	1- 合位，0- 分位
	支路开关状态（$1 \sim N$）	1- 合位，0- 分位
	蓄电池组输出隔离开关状态	1- 合位，0- 分位
	蓄电池组均充状态	1- 均充，0- 非均充
	蓄电池组浮充状态	1- 浮充，0- 非浮充
	蓄电池组放电状态	1- 放电，0- 非放电
	蓄电池组测试状态	1- 测试，0- 非测试

（3）提升蓄电池质量。

1）现状及需求。

目前，变电站主要采用阀控式密封铅酸蓄电池，存在出厂容量不达标、运行中漏液、极柱腐蚀、冒碱、鼓肚及容量下降快等问题，严重影响直流电源系统稳定运行。

需要提升蓄电池质量，改善制造工艺，保证蓄电池运行可靠性。

案例：110kV某变电站直流蓄电池组，运行中出现告警，有两只蓄电池电压低至1.75V/单格，更换新蓄电池运行三个月后发现整组蓄电池电压下降。

2）具体措施。

a）阀控式密封铅酸蓄电池极板的原材料应选用1号电解铅（纯度不低于99.994%），负极板栅中锑含量不高于 7×10^{-6} mg/L。

b）阀控式密封铅酸蓄电池正极板厚度不得低于3.5mm。

c）阀控式密封铅酸蓄电池的电解液密度为 $1.27 \sim 1.29$ g/cm^3。

d）阀控式密封铅酸蓄电池的隔板材质应选用超细玻璃纤维隔板。

e）阀控式密封铅酸蓄电池外壳阻燃性能应达到FV0级，宜使用ABS共聚塑料材质。

f）阀控式密封铅酸蓄电池应能承受50kPa的正压或负压而不破裂、不开胶，压力释放后壳体无残余变形。

g）阀控式密封铅酸蓄电池间的连接电压降不大于8mV。

h）蓄电池组中各蓄电池的开路电压的最高与最低电压差值不超过0.02V（2V）、0.06V（12V）。

i）新采购蓄电池组采用"$N+1$"供货模式，到货时随机抽取一只蓄电池进行质量检验。

（4）合理选择110kV及以下变电站直流电源系统配置方式。

1）现状及需求。

经统计，110kV及以下变电站站用直流电源系统有13家单位采用"一电一充"方式，有3家单位采用"一电两充"方式，有4家单位采用"两电两充"方式。不同接线方式设备配置方案、运行检修方式不同，给站用直流运维带来诸多不便。

需合理选择110kV及以下变电站直流电源系统配置方式，提高运维便利性。

案例：110kV某变电站地处市中心区域，接带该市政府、学校、医院等重要负荷，站内直流电源系统为"一电一充"方式，2002年3月进行站内蓄电池缺陷处理时，临时将蓄电池组与直流母线脱离，此时，因交流电源故障导致站内短时间直流电源消失。

2）具体措施。

a）110kV及以下变电站站用直流电源系宜采用"一电一充"方式。110kV及以下变电站直流电源系统各种接线方式对比如表2-9所示。

表 2-9　　　　　　　　110kV 及以下变电站直流电源系统各种接线方式对比

序号	对比项	"一电一充"方式	"一电两充"方式	"两电两充"方式
1	供电可靠性	直流单母线配置,存在直流全停风险	配置 2 台充电机,运行可靠性增加	配置 2 台充电机与 2 组蓄电池,运行可靠性高
2	投资成本	低	较"一电一充"方式,增加 1 台充电机,投资中等	较"一电一充"方式,增加 1 套直流电源系统,投资高
3	运维便利性	设备少,接线简单,运维工作量小,运行经验丰富	运维检修灵活性次于"两电两充"方式	运维检修方式灵活

b)重要的 110kV 变电站,可采用"两电两充"方式。

c)充电装置应满足两路交流输入,两路交流输入应来自不同交流母线。

(5)优化屏内元件布置。

1)现状及需求。

目前,部分变电站直流充电屏内蓄电池熔断器间距过窄,馈电屏内仍然采用铝排、裸露母排等工艺布置,存在接线不便、运维检修时易造成短路的风险。

需要优化屏柜内部元件结构布局,提高装配工艺,提高安全运行水平和运维检修便利性。

案例 1:220kV 某变电站 I 组直流充电屏蓄电池正、负极保险间距太窄,装、拆蓄电池保险时,检修人员难以进行操作。同时,操作蓄电池正、负极保险间存在误碰短路的风险。蓄电池正、负极保险间增设绝缘隔板前后对比,如图 2-45 所示。

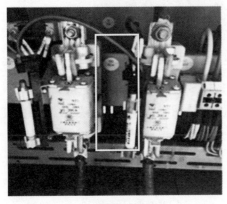
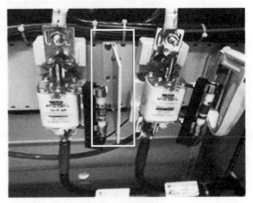

(a) 增设绝缘隔板前　　　　　　　　　　　　　(b) 增设绝缘隔板后

图 2-45　蓄电池正、负极保险间增设绝缘隔板前后对比

案例 2:220kV 某变电站直流充电屏至馈电屏通过母排接线,母排安装于充电屏最下方,操作空间狭小,接线异常困难。同时,母排无绝缘阻燃材料包裹,正、负极母排间距较近,

检修运维易造成误碰及短路隐患，如图 2-46 所示。

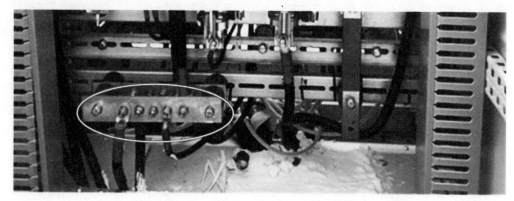

图 2-46　母排为裸母线且安装位置过低

案例 3：220kV 某变电站直流电源系统内两面直流充电柜柜后共计 8 条接线排均为铝质材质，因铝材较铜材电阻率高，运行中易发热，会导致相近电缆的绝缘外层损伤，存在故障隐患。铜、铝接线排对比如图 2-47 所示。

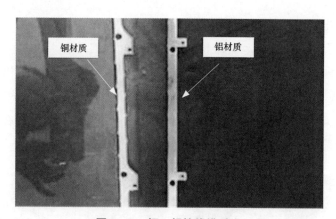

图 2-47　铜、铝接线排对比

案例 4：220kV 某变电站直流监控装置发出告警信号，显示"充电模块通信中断""充电屏通信中断""馈电屏通信中断"，同时，监控装置时间显示混乱，经检查发现监控装置交流 380V 电源进线与高频开关电源模块 485 通信口集成板总线电路平行设计，距离极近，弱电回路受强电干扰误发异常信号。

2）具体措施。

a）蓄电池正负熔断器净间距应不小于 100mm，对不满足要求的应增设绝缘隔板。

b）直流屏内母线、引线应采用硅橡胶热缩或其他防止短路的绝缘防护措施。

c）交直流母线排应选用铜排，不得选用铝排。

d）充电装置内部布线应强、弱电分开，并采取屏蔽措施，避免弱电受强电干扰误发异常信号。

（6）提高蓄电池组维护便利性。

1）现状及需求。

对于安装在屏柜内或支架上的蓄电池组，受安装空间限制，给巡视时进行的蓄电池电压、内阻测量及清扫等运维工作带来不便。

需优化蓄电池安装方式和屏柜内布局，方便蓄电池组运维。

案例 1：±660kV 某换流站现有 5 套（10 组）蓄电池，每个蓄电池室内布置有 2 组蓄电池，蓄电池组间未设置防火墙或者防火隔板，如图 2-48 所示。

案例 2：110kV 某变电站内一组蓄电池 104 节（2V、200Ah）分别安装于两面屏柜内，每面屏分四层布置，每层分三排安装 13 节电池，上下两层净间距为 150mm，内阻测量表记表笔长约 150mm，进行内阻测量时无法直接接触屏柜内部蓄电池，造成运维不便，如图 2-49 所示。

案例 3：110kV 某变电站原蓄电池组 104 节（2V、300Ah），贫液立式安装，由于安装空间狭小，不仅运维检修困难，而且散热差，整组蓄电池运行不到 3 年时间即出现整组容量不足 50% 的情况，通过活化及 3 次反复充放电容量仍然不足 80%，随即整组更换为卧式蓄电池组，如图 2-50 所示。

图 2-48　两组蓄电池组间未设置
防火墙或者防火隔板

图 2-49　蓄电池安装空间狭小
造成运维困难

（a）蓄电池立式安装

（b）蓄电池卧式安装

图 2-50　蓄电池卧放方便现场运维检修

案例4：220kV某变电站蓄电池室内灯具未采用防爆产品。空调的插座等未装在蓄电池室外，如图2-51所示。

2）具体措施。

a）容量在300Ah及以上的蓄电池组应设置专用蓄电池室，不能满足上述要求的，应在不同蓄电池组间设置防火隔爆墙，墙体高度不得低于1800mm。蓄电池组选用钢架组合结构安装方式，布置不超过两层，高度不应超过1700mm。

图2-51 蓄电池室内照片

b）增大蓄电池安装空间，确保蓄电池安装后横向间距不小于15mm，与上层隔板间距不小于200mm。

c）胶体式阀控密封铅酸蓄电池宜采用立式安装；贫液吸附式阀控铅酸蓄电池宜采用卧式安装。

d）蓄电池室的照明应使用防爆灯，并至少有一个接在事故照明母线上，开关、插座、熔断器应安装在蓄电池室外。

e）蓄电池室或蓄电池柜体应通风、散热良好，装设温度控制装置。安装阀控式蓄电池房间的温度宜设定为5～30℃，不能满足的应装设采暖、降温设施。

（7）优化馈出网络设计。

1）现状及需求。

部分变电站直流电源系统对负载供电存在环网供电方式，气体绝缘封闭组合电器（gas insulated switchgear，GIS）隔离开关的操作电源未采用辐射式供电，影响直流供电可靠性。

需要明确设计标准，实现直流电源系统馈线网络辐射状供电要求。

案例1：220kV某变电站直流馈线屏设计时未采用分电屏，将220、66kV设备同时接入一面馈线屏，且同屏内备用回路数较少，新增间隔时无备用的引出端子及直流断路器。分电屏设置前后对比如图2-52所示。

案例2：110kV某变电站10kV开关柜选用小母线供电方式，10kV Ⅰ段母线直流故障造成小母线断路器跳闸，该母线（含10kV分段开关）全部保护装置失电。此时，该段母线馈出线路发生故障，出线保护因失电拒动，引起主变压器越级动作，但因分段开关保护同时失电，导致两台主变压器低后备保护越级跳闸引起全站停电。

2）具体措施。

a）直流系统的馈出网络应采用辐射状供电方式，严禁采用环状供电方式。

b）直流系统负载供电，66kV及以上应按电压等级设置分电屏供电方式，不应采用直流小母线供电方式。220kV 及以上变电站室外设备宜设置直流动力箱。

（a）分电屏设置前　　　　　　　　　　（b）分电屏设置后

图 2-52　分电屏设置前后对比

c）35（10）kV 开关柜的直流供电方式采用 35（10）kV 每段母线辐射供电方式，即在每段母线柜顶设置 1 组直流小母线，每组直流小母线由 1 路直流馈线供电，35（10）kV 开关柜配电装置由柜顶直流小母线供电。35（10）kV 开关柜主变压器、分段间隔控制回路电源应单独引自馈电屏（分电屏）。

（8）优化级差配合。

1）现状及需求。

部分变电站直流系统级差失配，馈线故障引起越级跳闸，扩大停电范围。部分直流断路器选型不合理，安—秒特性差异较大，难以满足级差配合要求。

需要设计阶段明确级差配合要求，确保直流系统供电可靠性，避免支路馈线故障时引起的直流断路器越级跳闸问题。

案例：110kV 某变电站直流馈线屏上直流电源断路器为 32A，直流照明支路断路器为 40A，级差配置不符合要求，如图 2-53 所示。

图 2-53　直流馈线屏内断路器为 32A，馈出支路开关为 40A

2）具体措施。

a）同一变电站直流断路器安—秒特性曲线应一致，宜选用同一厂家、同一系列产品。

b）直流断路器上下级应满足 2～4 级级差。对于级差配合实现困难的应选用三段式保护直流断路器。

c）继电保护装置电源，开关柜上、机构箱内的直流储能电机等设备用断路器选用 B 型开关，馈线屏、分电屏内断路器选用 C 型开关。

（9）提高充电模块运行可靠性。

1）现状及需求。

部分变电站配置充电模块数量不足、抗干扰措施不完善，充电模块之间并联运行存在输出不稳定问题，导致充电模块故障率升高，影响直流系统安全运行可靠性。

需要合理配置充电模块数量，完善抗干扰措施，统一参数性能，有效提高运行可靠性，降低维护工作量，提升总体效益。

案例 1：35kV 某变电站自从进线侧 T 接钢厂用户后，经常发生直流电源系统充电模块烧毁问题，严重影响安全运行。经分析，钢厂炼钢设备运行中产生的谐波分量对电网污染较大，充电模块受谐波影响而出现烧毁，高频电源模块内部的故障直流变压器如图 2-54 所示。

案例 2：110kV 某变电站蓄电池组在放电后进行均充时，因充电模块输出异常，导致蓄电池过充引起壳体炸裂，如图 2-55 所示。

此处整流变压器烧损

图 2-54　高频电源模块内部的故障直流变压器

案例 3：110kV 某变电站一直流充电模块故障，现场拔出故障模块导致其他运行模块不能正常输出。主要原因为直流充电模块背板为一体式设计，插拔单个充电模块会导致背板变形，造成正常运行模块与背板接触不良，运行可靠性差，如图 2-56 所示。

2）具体措施。

a）多台充电模块并机工作时，其均流不平衡度应不大于 ±5%。

b）对存在电铁供电或谐波含量较大的变电站，充电模块应具备整流、滤波等隔离措施，避免谐波、操作过电压等原因造成损坏。

c）充电模块应具有 130%U_n 限压及 110%I_n 限流性能，软启动时无电压冲击，避免输出异常引起蓄电池过充电。

d）充电模块应相互独立，方便带电拔插更换。

图 2-55　充电装置对蓄电池过充导致
蓄电池炸裂

图 2-56　直流充电模块共用接线板缺少独立性

e）充电模块应满足"N+1"配置，并联运行方式下模块数量不应小于 3 块，单个模块输出电流不宜大于 30A。

f）蓄电池浮充电压应具有温度补偿功能。当蓄电池环境温度偏离设定温度 25℃时，充电装置监控单元应能自动调节充电装置的浮充电压，实现温度补偿，补偿系数根据蓄电池厂家推荐值设定（如无特别说明，推荐值 3mV）。蓄电池环境温度测温探头不应少于 3 个，测温探头工作异常时应报警。

（10）提高不间断电源运行可靠性。

1）现状及需求。

部分 220kV 变电站不间断电源仅配置一套，且存在可用容量冗余度低现象，不间断电源运行可靠性低，所带重要负荷存在失电安全隐患。

需要可研初设阶段明确配置要求，提高不间断电源运行可靠性。

案例 1：220kV 某变电站通信中断，遥测、遥信等监控信息无法正常上送，现场检查发现，不间断电源装置发生故障，导致站内调度数据网装置失电，无法与调度系统正常通信。该站不间断电源装置单套配置，未实现双套冗余配置，不间断电源装置故障时，造成站内重要交流负荷失电，220kV 变电站不间断电源单套配置如图 2-57 所示。

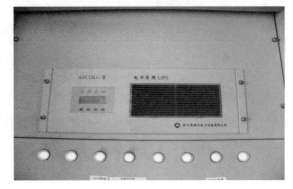

图 2-57　220kV 变电站不间断电源单套配置

案例 2：110kV 某变电站直流系统负极接地、部分测控装置通信中断告警。检修人员发现直流系统接地选线装置选线失败，部分测控装置电源插件损坏，使用万用表交流电压挡测量直流电源回路，测得交流电压达 220V，通过直流接地检测仪对直流系统母线及各元件进行检查，在断开 UPS 装置后，直流接地极交流电压消失，检查为 UPS（uninterruptible power supply）装置内部故障导致交流窜入直流。

2）具体措施。

a）220kV 及以上电压等级变电站应配置 2 套站用交流不间断电源装置；110kV 及以下电压等级变电站，应至少配置 1 套站用交流不间断电源装置。

b）不间断电源的直流输入应与交流输入和输出侧完全电气隔离，直流回路应无交流窜入情况。

c）应根据负载功率合理选择不间断电源装置容量，确保实际负载控制在额定输出功率的 30% ～ 60% 范围内。

d）不间断电源应具备运行旁路和维修旁路，且主供、旁路电源应取自不同的电源点。

（11）完善直流系统绝缘监测功能。

1）现状及需求。

目前直流系统绝缘监测装置存在以下问题：

a）绝缘监测装置未将蓄电池支路纳入监测范围，导致蓄电池漏液接地时无法选线和定位。

b）投运较早的变电站直流系统绝缘监测装置不具备交流窜入直流的测记、选线和录波功能，不满足十八项反措要求。

c）当两段直流母线并列运行时，直流系统绝缘监测装置不具备自动退出平衡桥及监测所有运行支路绝缘和选线的功能，影响直流系统安全稳定运行。现有绝缘监测装置不具备两段母线互窜监测和选线功能。

d）现有绝缘监测装置的选线 TA 故障率较高，造成绝缘选线困难，若更换需停电或倒负荷，不利于运行维护。

需要完善直流系统绝缘监测功能，提高直流系统绝缘接地告警准确性、故障处理及时性和运行维护便利性。

案例 1：330kV 某变电站因雨水进入断路器操动机构箱，引起 220V 交流电源窜入直流系统，致使主变压器断路器操作屏中非电量出口中间继电器节点持续抖动，引起断路器跳闸，造成 2 台主变压器跳闸。交流窜入后的直流报警和录波图如图 2-58 所示。

案例 2：110kV 某变电站 2014 年改造直流系统，采用了开口式漏电流传感器。闭口 TA 和开口 TA 如图 2-59 所示。

2）具体措施。

a）绝缘监测装置应具备蓄电池支路接地选线和定位功能，定位误差不大于 1 节蓄电池。

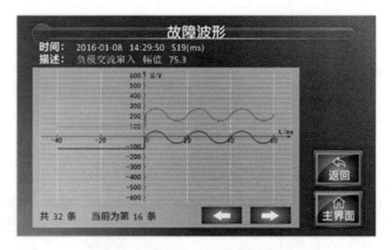

图 2-58 交流窜入后的直流报警和录波图

(a) 闭口 TA

(b) 开口 TA

图 2-59 闭口 TA 和开口 TA

b）绝缘监测装置应具备交流窜入直流的测记、选线、录波和时钟同步功能。录波时长不小于故障前 2 个周期、故障后 3 个周期。

c）配置两段直流母线变电站的绝缘监测装置，应具备直流互窜监测告警功能，并能选出互窜的支路。

d）当两段母线并列时，其中一套绝缘监测装置的平衡桥接地电阻应能自动退出，并确保不失去绝缘监测及选线功能。

e）支路选线漏电流传感器宜采用开口式安装结构。

（12）合理选择 220kV 变电站直流电源系统配置方式。

1）现状及需求。

目前 220kV 变电站站用直流系统有 15 家单位采用两电两充、单联络隔离开关方式；有 4 家单位采用两电两充、双联动隔离开关方式；有 2 家单位采用两电三充、双联动隔离开关方式。不同接线方式设备配置方案、运行检修方式不同，给站用直流运维带来诸多不便。

需合理选择 220kV 变电站直流电源系统配置方式，提高运维便利性。

案例：220kV 某变电站直流电源系统为两电两充、双联动隔离开关方式，Ⅰ段充电装置检修，在进行双联动隔离开关操作时，因操作人员对双联动隔离开关操作顺序错误，导致Ⅰ段直流母线失电。

2）具体措施。

a）220kV变电站站用直流电源系统宜采用两电两充、单联络隔离开关方式。重要的220kV变电站可采用两电三充、单联络隔离开关方式。220kV变电站直流电源系统各种接线方式对比如表2-10所示。

表2-10 220kV变电站直流电源系统各种接线方式对比

对比项	两电两充、单联络隔离开关方式	两电两充、双联动隔离开关方式	两电三充、单联络隔离开关方式	两电三充、双联动隔离开关方式
供电可靠性	特殊工况下，确保直流母线连续供电	特殊工况下，有可能造成一段直流母线失电	特殊工况下，确保直流母线连续供电	特殊工况下，有可能造成一段直流母线失电
投资成本	较低	较"两电两充、单联络隔离开关"方式，配置2组联动隔离开关，成本一般	较"两电两充、单联络隔离开关"方式，增加1套充电屏，成本较高	较"两电两充、单联络隔离开关"方式，增加1套充电屏，配置2组联动隔离开关，成本最高
运维便利性	运行经验丰富，无备用充电机	方式调整操作复杂	运行检修方式灵活	方式调整操作复杂

b）两组蓄电池的直流电源系统应满足在正常运行中两段母线切换时不中断供电的要求，允许两组蓄电池短时并列。

（13）合理选择330kV及以上变电站直流电源系统配置方式。

1）现状及需求。

目前330kV及以上变电站站用直流系统有7家单位采用两电三充、单联络隔离开关方式，8家单位采用两电三充、双联动隔离开关方式，7家单位采用公用充电、单联络隔离开关方式。不同接线方式设备配置方案、运行检修方式不同，给站用直流运维带来诸多不便。

需合理选择330kV及以上变电站直流电源系统配置方式，提高运维便利性。

案例：500kV某变电站直流电源系统为公用充电、单联络隔离开关方式，在完成Ⅱ段蓄电池放电工作，使用公用充电装置进行蓄电池均充电时，发现公用充电装置异常，导致无法正常对Ⅱ段蓄电池进行充电。

2）具体措施。

a）330kV及以上变电站站用直流电源系统宜采用两电三充、单联络隔离开关方式。330kV及以上变电站直流电源系统各种接线方式对比如表2-11所示。

表 2-11　　　　　　330kV 及以上变电站直流电源系统各种接线方式对比

对比项	两电三充、单联络隔离开关方式	两电三充、双联动隔离开关方式	公用充电、单联络隔离开关方式
供电可靠性	特殊工况下，确保直流母线连续供电	特殊工况下，有可能造成一段直流母线失电	特殊工况下，确保直流母线连续供电
投资成本	较"公用充电、单联络隔离开关"方式，配置 3 组联动开关，成本较高	较"公用充电、单联络隔离开关"方式，配置 2 组联动隔离开关与 3 组联动开关，成本最高	一般
运维便利性	运行检修方式灵活	运行检修方式灵活	只能通过公用充电装置给蓄电池均充电，不便于运行检修

b）配置两组蓄电池、三套充电装置，每组蓄电池及其充电装置应分别接入不同母线段，第三套充电装置经切换可对两组蓄电池进行充电。

c）第三台充电装置应可在两段母线间切换，任一工作充电装置退出运行时，手动投入第三台充电装置。

2.2.4　站用直流电源系统智能化关键技术

（1）开展蓄电池状态自动诊断和远程核对性试验应用。

1）现状及需求。

目前蓄电池在线监测功能不全面，仅具有监测单体蓄电池电压及环境温度的功能，无法及时发现蓄电池容量不足、热失控、单体开路等问题，蓄电池健康诊断手段不足。需要对蓄电池单体内阻、单体温度、浮充电流等参数进行全面监测，实现蓄电池容量不足、热失控、单体开路等异常告警。

蓄电池核对性放电维护工作量大，占用大量人力资源，现有直流电源系统缺乏蓄电池远程核容或自动核容功能，维护方式落后。若采用蓄电池远程核容放电，能有效提高运维工作效率，降低人力成本。

2）优缺点。

a）特点及优势：①通过监测蓄电池单体温度、单体内阻、浮充电流等参数，自动判断监控蓄电池开路、热失控等故障。蓄电池在线监测装置如图 2-60 所示。②通过全面监测和数据分析，估算蓄电池容量、剩余工作时间，准确掌握每个单体蓄电池的状态，实现蓄电池健康状况诊断。蓄电池内阻监测界面如图 2-61 所示。③能够安全可靠完成蓄电池远程核容放电，减少蓄电池例行核对性充放电工作量，提高工作效率。蓄电池在线监测及远程核容放电机柜如图 2-62 所示。④放电负载采用有源逆变放电技术，将能量回馈于 400V 交流电网，避免能量的浪费，有效减少放电负载发热，提高远程核容放电的安全性。⑤通过定期调低充电装置输出电压（$90\%U_n$），由蓄电池带负载短时放电，判断是否存在蓄电池容量不足、蓄电池脱离母线、回路异常等极端情况。其间，由于充电装置并未脱离母线，即便极端情况发生，直流负荷仍可由充电装置供电。⑥在两组蓄电池配置的两段直流母线之间跨接双向直流变换器（双向DC/DC模块），可有效防止蓄电池组开路导致的直流母线失电。该双向DC/DC模块正常情况下为热备用状态，在交流电源故障且其中一段母线上的蓄电池组不能向负荷提供直流电源或直流母线电压急剧跌落的情况下，双向DC/DC模块能在300μs内将对应的直流端口转换为输出状态，利用另一段的蓄电池组对该直流母线供电，从而保证直流母线供电的连续性。

图2-60　蓄电池在线监测装置

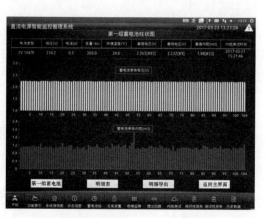

图2-61　蓄电池内阻监测界面

图2-62　蓄电池在线监测及远程核容放电机柜

　　b）缺点及存在的不足：①蓄电池远程核容放电在技术上已经成熟，但是实际应用经验不足，防火隔离措施需进一步完善，远程核容放电的可靠性和安全性需进一步提高。②部分厂家已就蓄电池在线自动充放电功能开发了程序，可以实现90%U_n安全放电功能，但是不能代替蓄电池组的定期核对性放电工作。

3）技术成熟度及难度。

蓄电池在线监测功能各厂家已具备，但是蓄电池状态应从内阻趋势上进行诊断，而非仅用内阻来表征状态，而且内阻定值的设置也需各蓄电池厂家进行研究，以提高异常状态诊断的准确性。

（2）推进充电模块标准化。

1）现状及需求。

充电模块是直流系统中易损元器件之一，不同供应商甚至同一供应商不同阶段生产的充电模块尺寸、接口及控制方式不一致，造成运维单位备品备件储备困难，部分运行时间较长的直流充电模块受产品停产、升级换代等限制，不得不更换整面充电屏。

需统一充电模块的设计要求，实现不同厂家产品相互兼容，互相替代。

2）优缺点。

a）特点及优势：①制订统一的充电模块外形尺寸、接口、通信规约和参数设计要求，根据散热方式、容量、结构、通信规约等制订模块的系列化产品，实现不同厂家产品的相互兼容，相互替代。②能够有效降低直流电源系统联调、维修、更换的难度，提高运维检修效率，降低直流电源风险。③能够缩短采购周期，减少运维单位备品备件储备数量和种类，减少投资成本。④个别充电模块损坏时，不必因采购不到同型号备件而更换整面充电屏，减少工作量，降低更换成本。

b）缺点及存在的不足：标准统一后，各厂家研发水平参差不齐，影响产品可靠性。

3）技术成熟度及难点。

技术成熟，厂家众多，各厂家对充电模块间的均流实现原理、控制方法不同，存在技术壁垒，统一难度大。

（3）研发智能直流电源系统测控装置。

1）现状及需求。

目前直流电源系统在测控方面存在监测体系过于分散、系统运行信息监视不全面、蓄电池健康诊断手段不足、蓄电池维护方式落后、远端监视信息有限、远程操控功能弱等六个方面问题。

通过研发智能直流电源系统测控装置（简称测控装置），完善信息数据采集体系，改善数据信息处理方式，增加远程维护功能，实现基于整套直流系统的综合分析、安全控制及智能维护，达到设备状态可视化、监控运维智能化、信息展示全景化。测控装置功能架构图如图 2-63 所示。

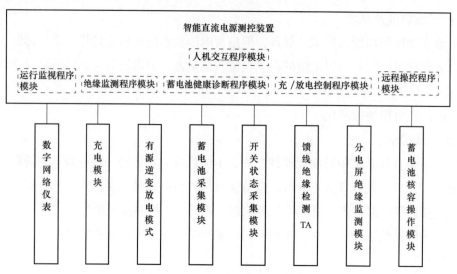

图 2-63 测控装置功能架构图

2) 优缺点。

a) 特点及优势：①研发智能直流电源测控装置。取代原有的直流监控装置、微机绝缘监测装置、蓄电池监测装置，形成测控一体、业务集成的智能监控系统。②直流电源系统运行监视。利用测控装置对直流电源系统包括交流输入、充电装置输出及直流母线电压等模拟量，蓄电池组熔断器、直流系统输出断路器、隔离开关、馈出回路的直流断路器等分合跳状态信息及回路的绝缘状态、异常运行方式等进行全方位监测。③直流电源系统异常告警。测控装置可以对监测信息进行对比分析和数据挖潜，判断充电装置、蓄电池与直流母线之间连接器件的损坏或接触不良，识别蓄电池脱离直流母线、充电装置脱离直流母线等异常运行状态。对运行方式异常、故障告警、状态变化等异常进行告警，并以变色、声响、光闪等方式对重要信息进行提示。智能直流电源系统主界面全景展示图如图 2-64 所示，馈出回路界面如图 2-65 所示。④直流电源系统远程操控：测控装置实现对充电装置输出的均/浮充转换、均浮/充电压和电流调节、核容放电管理及恢复充电控制，对主输出断路器及隔离开关远程操作，远程快速调整直流电源系统运行方式。⑤蓄电池健康诊断：测控装置集成蓄电池在线监测和远程核容放电功能。依据蓄电池诊断的结果，指导运维人员对蓄电池进行相应维护，提高运维工作效率。⑥监控信息上传：测控装置通过软报文方式实现直流系统全面信息上传。通过测控装置本身硬触点输出交流电源故障、充电装置故障、直流电源接地故障、直流电源母线电压异常、蓄电池组脱离母线、蓄电池组开路、测控装置故障、总告警等重要信息。硬触点软报文告警信息如图 2-66 所示。

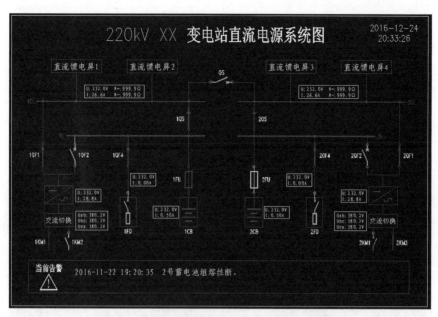

图 2-64　智能直流电源系统主界面全景展示图

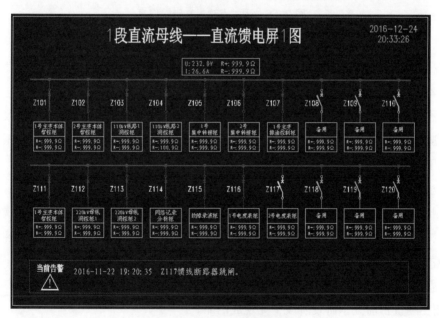

图 2-65　馈出回路界面图

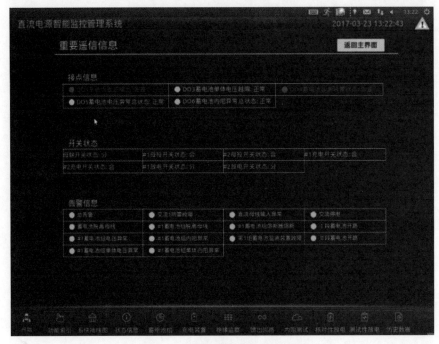

图 2-66　硬触点软报文告警信息

b）缺点及存在的不足：①对增加的在线监测功能、远程操控功能、综合分析功能可靠性要求较高；否则，会因新增模块故障，增加维护检修工作量。②测控装置重要性很高，在提高装置本身可靠性的同时，应考虑冗余配置。③部分现有信息采集传输采用电缆直采模式，断路器状态、蓄电池信息等底层设备信息需要进行数字化采集和网络化传输改造。④测控装置电源模块、绝缘监测模块相关板卡存在过电压冲击损坏隐患，需采取加装压敏电阻等防止过电压损坏的措施。

3）技术成熟度及难点。

a）测控装置软硬件平台技术成熟，集成蓄电池在线监测、母线绝缘监测、数据存储、综合分析、实时调节、开出控制及信息上传等功能后，需验证其多进程并行处理能力。

b）蓄电池一键操作核容，直流电源主输出断路器、隔离开关的分合闸动作顺序及逻辑闭锁策略需要实践验证。

c）测控装置目前处于研发阶段，无现成产品。

（4）推广应用并联直流电源系统。

1）现状及需求。

常规直流电源系统的蓄电池组由 104 只 2V 蓄电池串联组成，交流失电时单只蓄电池或蓄电池间的连接线故障，将造成变电站失去直流电源。常规直流电源系统对蓄电池电参数要求高度一致，部分蓄电池损坏时将造成整组蓄电池退役，蓄电池利用率低。

需要从根本上改变蓄电池连接方式，通过蓄电池间接并联来提高直流电源系统运行可靠性。

2）优缺点。

将单只 12V 蓄电池与匹配的电池模块（含 AC/DC 整流电路、DC/DC 电池充放电管理电路）并联集成为并联电池组件，将多只并联电池组件再并联，组成并联直流电源系统。

a）特点及优势。并联直流电源系统与常规直流电源系统结构的最大区别在于蓄电池的连接方式及接线位置。并联直流电源系统中，单只蓄电池故障不会影响整个直流电源系统运行，可实现每节蓄电池在线 $0.1C_{10}$ 全容量核对性充放电、不同类型蓄电池混合使用等，有效减少运维工作量，提高蓄电池利用率。①性能对比。并联直流电源系统与常规直流电源系统性能对比如表 2–12 所示。②可靠性对比。并联直流电源系统与常规直流电源系统可靠性对比如表 2–13 所示。③便利性对比。并联直流电源系统与常规直流电源系统便利性对比如表 2–14 所示。④成本对比。并联直流电源系统与常规直流电源系统成本对比如表 2–15 所示。

表 2–12　　　　　　　　　并联直流电源系统与常规直流电源系统性能对比

设备　　　　　性能	并联直流电源系统	常规直流电源系统
蓄电池连接方式	多只并联电池组件并联	蓄电池串联
蓄电池利用率	不同类型蓄电池可混合使用，蓄电池利用率高	蓄电池个体之间需保持高度一致性，部分蓄电池损坏导致整组蓄电池退役
交流失电后蓄电池放电稳压性能	蓄电池通过 DC/DC 模块稳压，直流母线电压保持稳定	随蓄电池组的放电，母线电压下降
事故放电能力	DC/DC 模块有延时过载闭锁保护，事故放电能力稍差	满足事故放电能力要求
工作效率	交流供电	92%	94%
	蓄电池供电	90%	100%
配置方式（与常规站 2V、300Ah，104 节蓄电池对比）	配置 3 面屏柜（每面屏中含 8 节 12V、200Ah 蓄电池和 8 个电池模块）	配置 1 面充电屏及 10m² 专用蓄电池室

表 2–13　　　　　　　　　并联直流电源系统与常规直流电源系统可靠性对比

设备　　　　　可靠性	并联直流电源系统	常规直流电源系统
交流失电时供电可靠性	单只蓄电池故障不影响系统运行	单只蓄电池故障，影响整组蓄电池输出
过负荷能力	偏低	良好
技术成熟度	适合 110kV 及以下变电站应用	技术成熟，广泛应用

表 2-14　　　　　　　并联直流电源系统与常规直流电源系统便利性对比

便利性　　　　　　　　　　　　设备	并联直流电源系统	常规直流电源系统
蓄电池维护便利性	可在线自动 $0.1C_{10}$ 全容量核对性充放电，无需人工操作	需通过人工操作完成蓄电池组核对性充放电，操作工作量大，时间长
更换便利性	运行中可直接更换单只蓄电池	需准备备用蓄电池组并做好防止直流失电措施后进行

表 2-15　　　　　　　并联直流电源系统与常规直流电源系统成本对比

成本　　　　　　　　　　　　设备	并联直流电源系统（12V、200Ah，24 节蓄电池）	常规直流电源系统（2V、300Ah，104 节蓄电池）
采购成本	较高	中等
运维成本（以 10 年计算）	定期自动核对性充放电	8 次人工核对性充放电

b）缺点及存在的不足：①并联直流电源系统在事故放电能力方面较常规直流电源系统存在一定差距。并联直流电源系统中的并联电池组件输出具备反时限特性，存在延时过载闭锁保护功能，当事故电流达到 8 倍 I_e 时，输出仅能维持 3s。并联电池组件输出特性曲线如图 2-67 所示。②"并联电池组件"输出功率低。并联直流电源系统受单只并联电池组件输出功率的限制，单只并联电池组件正常工作状态下可长期输出功率 500W，对于 220kV 及以上变电站，因直流负荷较大，使用现有的并联直流电源系统时需配置大量的并联电池组件，性价比低。③并联直流电源系统工作效率偏低。在蓄电池供电时，并联直流电源系统将蓄电池 12V 电压通过 DC/DC 模块升压至 220V，经过一级变换损耗转换功率，导致模块工作效率降至 90%。

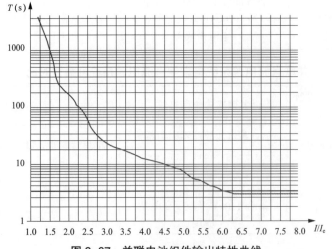

图 2-67　并联电池组件输出特性曲线

3）技术成熟度及难度。

并联直流电源系统技术已成熟，已在部分 110kV 及以下变电站试点应用。难点在于解决 DC/DC 模块输出功率小，提升"并联电池组件"效率及过载能力。并联直流电源系统现场运行图如图 2-68 所示。

图 2-68　并联直流电源系统现场运行图

（5）优化阀控式密封铅酸蓄电池选型方案。

1）现状及需求。

阀控式密封铅酸蓄电池分为胶体阀控式密封铅酸蓄电池（简称胶体电池）与贫液阀控式密封铅酸蓄电池（简称贫液电池）。它们的主要区别为胶体电池采用 PVC 隔板，电解质为凝胶状的硅胶；贫液电池采用玻璃纤维隔板，电解质为液体硫酸。变电站主要采用贫液电池。胶体电池和贫液电池如图 2-69 所示。

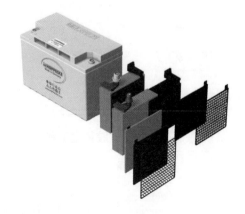

(a) 胶体电池　　　　　　　　　　　　　(b) 贫液电池

图 2-69　胶体电池和贫液电池

贫液电池存在运行中开路风险大、容量下降快、使用寿命短等问题。需要优化阀控式密封铅酸蓄电池选型，优先选用胶体电池，提高直流电源系统运行可靠性。

2）优缺点。

a）特点及优势：①材质对比。胶体电池和贫液电池材质对比如表 2-16 所示。②性能对比。胶体电池和贫液电池性能对比如表 2-17 所示。③可靠性对比。胶体电池和贫液电池可靠性对比如图 2-18 所示。④安全性对比。胶体电池和贫液电池安全性对比如图 2-19 所示。⑤成本对比。胶体电池和贫液电池成本对比如图 2-20 所示。

表 2-16　　　　　　　　　　　　胶体电池和贫液电池材质对比

材质 ＼ 设备	胶体电池	贫液电池
电解质对比	胶状硫酸	液体硫酸
电解液量对比	电解液量多	电解液量少
电解液比重	电解液比重低	电解液比重高
隔板材质	采用 PVC 隔板，隔板孔径小	采用玻璃棉隔板，隔板孔径大
正极板形式	管式	板式

表 2-17　　　　　　　　　　　　胶体电池和贫液电池性能对比

性能 ＼ 设备	胶体电池	贫液电池
温度适应性	温度适应范围大，耐高温，且低温大电流放电性能好	温度适应范围小，低温大电流放电性能不如胶体电池
热失控概率	热容性能优于贫液电池，热失控概率小	热失控发生概率大
自放电率	0.05% ～ 0.06%/ 天	≥ 0.8%/ 天
层化现象	胶体固定硫酸，无层化现象	存在液体硫酸分层现象
汇流排腐蚀导致开路概率	无汇流排腐蚀问题	电解液面受隔板高度限制，存在负极汇流排腐蚀问题

表 2-18　　　　　　　　　　　　胶体电池和贫液电池可靠性对比

性能 ＼ 设备	胶体电池	贫液电池
可靠性	采用 PVC 隔板及胶体技术，开路、短路概率低	较胶体蓄电池开路、短路概率高
容量持久性	采用管式正极板容量持久性高	采用板式正极板容量持久性相对较低

表 2-19　　　　　　　　　　　　胶体电池和贫液电池安全性对比

安全性 ＼设备	胶体电池	贫液电池
漏液风险	无漏液风险	存在漏液风险

表 2-20　　　　　　　　　　　　胶体电池和贫液电池成本对比

建设成本 ＼设备	胶体电池	贫液电池
采购成本	同容量胶体电池较贫液电池成本高 70%	
使用寿命	12 年	5 年

b）缺点及存在的不足：由于胶体电池短时大电流（1C 以上）放电性能低于贫液电池，直流冲击负荷较大时，胶体电池配置容量可能大于贫液电池。

3）技术成熟度及难点。

技术成熟，无难点。

（6）推进磷酸铁锂蓄电池应用。

1）现状及需求。

阀控式密封铅酸蓄电池占地面积大，对运行环境要求高，维护工作量大，使用年限短，运行中易发生漏液、开路等严重故障，影响变电站安全运行。

需要研究应用磷酸铁锂蓄电池，替代阀控铅酸电池，提高站用直流电源系统运行可靠性。

2）优缺点。

磷酸铁锂电池与铅酸蓄电池的主要区别是极板、电解液材质，充放电过程不产生极板损耗，无杂质沉淀。

磷酸铁锂电池正极板主要材料为磷酸亚铁锂（$LiFePO_4$），负极板主要材料为碳（C），电解液为六氟磷酸锂 $LiPF_6$ 盐的有机溶剂。磷酸铁锂电池充、放电过程是锂离子在正、负极之间迁出和嵌入的过程。在充电时，正极中的锂离子 Li+ 通过聚合物隔膜向负极迁移；在放电时，负极中的锂离子 Li+ 通过隔膜向正极迁移。磷酸铁锂电池内部结构及工作原理图如图 2-70 所示。

a）特点及优势：①安全性能高。磷酸铁锂电池无漏液风险，使用过程中不会有酸雾溢出。②运维便利。磷酸铁锂电池自放电率低，基本不需核对性充放电试验。③能量密度高。相同容量下占地面积只有铅酸蓄电池的 70%。

b）缺点及存在的不足：磷酸铁锂电池在长期浮充运行时每年会存在 3% ～ 5% 的容量损耗。

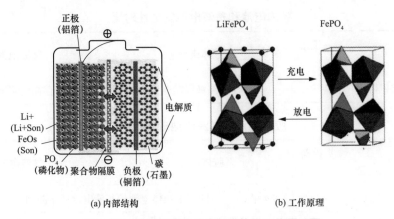

(a) 内部结构　　　　　　　　　　(b) 工作原理

图 2-70　磷酸铁锂电池内部结构及工作原理图

磷酸铁锂电池管理要求高，需要配置专用电池管理系统防止过充、过放。

c) 优缺点比较：①性能对比。铅酸电池和磷酸铁锂电池性能对比如表 2-21 所示。②铅酸电池和磷酸铁锂电池安全性对比如表 2-22 所示。③铅酸电池和磷酸铁锂电池便利性对比如表 2-23 所示。

表 2-21　铅酸电池和磷酸铁锂电池性能对比

设备\n性能	铅酸电池	磷酸铁锂电池
单体电压	2.0V	3.2V
温度特性	充放电 −40 ～ 50℃	充电：0 ～ 45℃；放电：−20 ～ 60℃
能量密度	能量质量比（Wh/kg）：35 ～ 40\n能量体积比（Wh/L）：80	能量质量比（Wh/kg）：90 ～ 160\n能量体积比（Wh/L）：270
充电性能	小电流长时间充电（0.1C）	大电流短时间充电（0.5C）
自放电率	每天损失 2% 的容量，需要浮充	每月损失 2% 的容量，不需要浮充，间歇性补充电即可
使用寿命	5 年	10 年

表 2-22　铅酸电池和磷酸铁锂电池安全性对比

设备\n安全性	铅酸电池	磷酸铁锂电池
对人身安全	内部硫酸外溢造成设备腐蚀及人员伤害事故	无漏液风险
本身安全	在充电末期会有气体生成，主要成分是氢气，因此需要做好通风防火工作	使用过程中不会有酸雾溢出，电池管理系统失控容易引起火灾

表 2-23　　　　　　　　　　铅酸电池和磷酸铁锂电池便利性对比

设备 便利性	铅酸电池	磷酸铁锂电池
安装便利性	重量大、电池节数较多、安装连接复杂	重量轻、模块化安装、简单方便
运维便利性	需定期人工核对性充放电试验	基本不需核对性充放电试验

3）技术成熟度及难点。

磷酸铁锂电池在其他行业已经应用 5 年以上，但是在电力系统的应用还处于起步阶段，缺少运行经验，应用效果需要通过运行实践验证。

2.3　一体化电源系统

2.3.1　一体化电源系统简述

一体化电源系统是由交流电源、直流电源、交流不间断电源（UPS）、逆变电源（INV）、通信电源、各种电压等级的直流变换电源（DC/DC）等装置组成为一体，共享蓄电池组，并具备统一监视控制的成套设备。

一体化电源系统具有进行一体化设计、一体化配置、一体化监控的运行特点，其运行工况和信息数据能够完全采集并通过通信上传，能够实现就地和远方控制功能。一体化电源系统结构、基本原理、典型布置如图 2-71 ～图 2-73 所示。

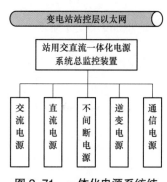

图 2-71　一体化电源系统结构示意图

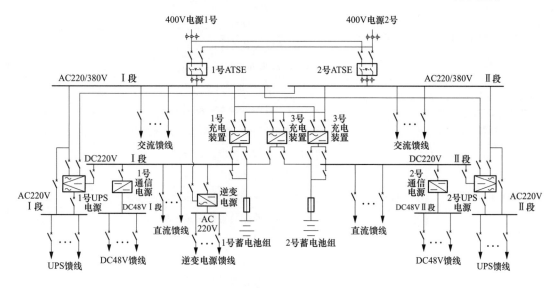

图 2-72　一体化电源系统基本原理示意图

图 2-73　一体化电源屏柜典型布置示意图

2.3.2　一体化电源系统主要问题分类

（1）按类型分类。通过广泛调研，共提出主要问题 13 大类、33 小类。调研问题分布情况汇总如表 2-24 所示。一体化电源监控装置各类问题占比如图 2-74 所示。

表 2-24　　　　　　　　　　　　　调研问题分布情况汇总

问题分类	占比（%）	问题细分	占比（%）
系统架构和功能不完善	13.8	死机导致通信中断	6.9
		通信规约与自动化系统不兼容	5.2
		馈线状态未经子系统监控模块上送	1.7
设备硬件质量不高	13.6	装置散热能力不足	3.4
		屏内导体绝缘水平低	3.4
		液晶屏幕故障率高	1.7
		子系统监控装置未配置独立空气开关	1.7
		屏柜面板设计不方便运维	1.7
		通信板抗干扰能力差	1.7
重要告警信号传送不可靠	12.1	自检告警无硬触点上送	6.9
		直流电压异常等重要信号无硬触点	5.2
设备软件功能不足	11.9	监控程序经常崩溃	3.4
		无直流母线电压瞬跌监视功能	3.4
		无瞬时接地监视和报警功能	1.7
		绝缘监测装置经常通信中断	1.7
		监控装置无对时功能	1.7
遥测数据采集重复或漏采	8.6	交、直流电源系统遥测漏采或重复	5.2
		数显表计故障率高	3.4

续表

问题分类	占比（%）	问题细分	占比（%）
电流超限告警功能不足	8.6	无 UPS 负载电流超限预告警功能	5.2
		无充电装置过载越限预告警监测	3.4
监控装置运行环境差	8.6	屏柜散热能力不足，导致死机	3.4
		直流屏紧邻交流屏存在风险	3.4
		监控装置紧邻 UPS 屏，干扰大	1.8
直流母线可靠性不高	6.8	两段母线之间无互供功能	3.4
		通信负载短路或过载导致电压降低	3.4
交、直流互窜告警功能不足	7.0	无交流电源窜直流系统报警功能	5.2
		无两段直流母线混接报警功能	1.8
开关状态监视功能不足	3.6	无交流进线切换告警	1.8
		馈线开关状态缺少监视	1.8
运行方式不合理	1.8	两套 UPS 并列运行产生环流	1.8
部分模块无定值设置功能	1.8	ATS 模块无定值设置功能	1.8
充电模块无法即插即用	1.8	48V 充电模块无法带电更换	1.8

（2）按电压等级分类。按变电站电压等级统计，110kV 变电站问题占总数的 51.72%；220kV 变电站问题占总数的 18.97%；35kV 变电站问题占总数的 18.97%；500kV 变电站问题占总数的 6.90%；1000kV 变电站问题占总数的 1.72%；66kV 变电站问题占总数的 1.72%。各电压等级设备问题占比如图 2-75 所示。

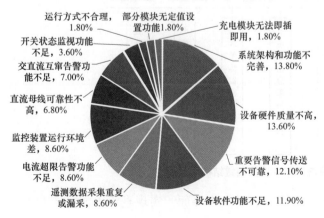

图 2-74　一体化电源监控装置各类问题占比

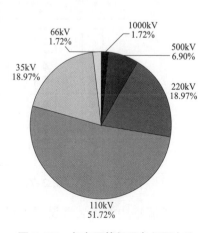

图 2-75　各电压等级设备问题占比

2.3.3　一体化电源系统可靠性提升措施

（1）优化系统架构。

1）现状及需求。

目前一体化电源系统中各子系统设置独立主机，通过 RS485 将信号接入一体化电源总监控装置，再上传至站控层，通信层级多。总监控装置仅通过单网接入站控层，无冗余配置。

需优化一体化电源系统架构，减少主机数量和网络层级，提高可靠性、运维便利性和通信质量。但各直流子系统归并至一台测控装置后，该装置故障可能导致站用直流系统监控功能丢失。

2）具体措施。

a）取消一体化电源总监控配置，设置直流系统和交流系统独立测控装置，直接接入站控层，简化通信层级。

b）各直流子系统合理归并，设置集中的直流电源测控装置，将原有的充电机监控单元、直流电源监测单元、蓄电池巡检仪、绝缘监测仪、UPS 监控装置、逆变监控装置等功能全部纳入其中，减少主机数量。各子系统仅保留采集模块，为集中的直流电源测控装置提供数据。直流电源集中监控装置系统结构如图 2−76 所示。

c）直流电源集中测控装置接收各采集子模块数据后进行分析处理，通过 IEC 61850 规约接入变电站站控层网络。

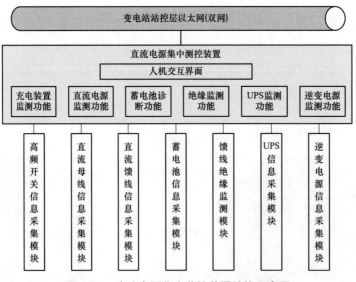

图 2−76　直流电源集中监控装置结构示意图

d）直流集中测控装置设置人机交互模块，通过人机界面，实现直流电源系统全面信息的集中展示、状态分析、事件报警、参数设定等功能，直流电源集中监控装置主界面如图 2−77 所示。

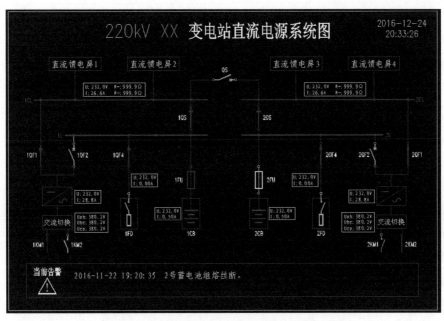

图 2-77　直流电源集中监控装置主界面示意图

e）测控装置通信采用星形方式，通过两个独立的网络接口，双网接入站控层交换机。交直流电源系统的通信网络结构如图 2-78 所示。

f）在重要的变电站中可采取测控装置双机配置，互为主备，进一步提高测控装置的运行可靠性。

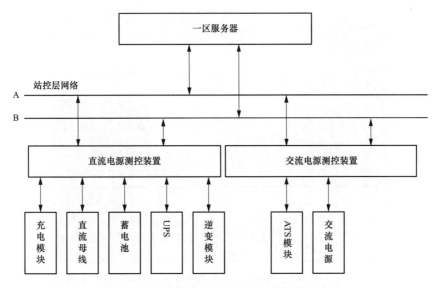

图 2-78　交直流电源系统通信网络结构示意图

（2）提升一体化电源监控的硬件可靠性。

1）现状及需求。

部分在运的一体化电源监控的硬件可靠性不高，具体表现如下：

a）液晶显示屏缺陷率高。

b）监控装置散热不良导致频繁死机。

c）部分在运的直流监控系统仅设有一个总电源熔丝，没有支路熔丝，支路故障将导致总熔丝熔断，引起相关监控装置、表计失电。

案例：110kV 某变电站一体化电源屏柜中使用梳状硬短接排将馈线空气开关上接线端子直接连接，空气开关故障时，难以更换，如图 2-79 所示。

需提升一体化电源监控的硬件质量，提高设备运行可靠性和设备维护的便利性。

2）具体措施。

a）对监控装置的液晶显示屏增设屏幕自动保护，降低显示屏工作时间，提高使用寿命。

b）充电机、测控装置等有功率器件的屏柜，在屏柜门等处设计散热孔。

c）增加对监控装置自身温度进行检测的功能，当温度过高时发出告警。

d）工作电源、采样回路分别增设独立的熔断器，避免支路故障导致总回路断电。

e）禁止使用梳状硬短接排连接馈线空气开关接线端子，方便后续对单个空气开关进行更换。

（3）提升对重要告警信号的监视能力。

1）现状及需求。

采用一体化电源的变电站部分重要信号仅采用软报文方式经总监控装置上送，当装置发生死机、通信故障时，该类重要信号无法上传。

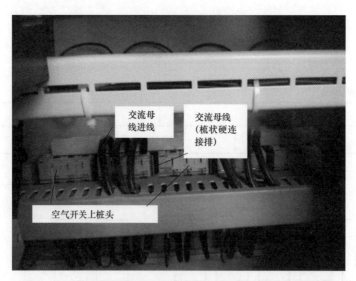

图 2-79　梳状硬短接排将馈线空气开关上接线端子直接连接

需加强对该类重要告警信息的监视能力。

2）具体措施。

a）测控装置应具备自检及自身故障报警功能。

b）直流系统重要告警信号应采用硬触点和软报文两种方式同时上送。交直流电源系统重要告警信号及说明如表 2-25 所示。

表 2-25　　　　　　　交直流电源系统重要告警信号及说明

信息规范名称	说明
交流电源故障	交流输入电压异常或失压
充电装置故障	充电装置无输出或输出空气开关脱扣
直流电源接地故障	直流电源发生绝缘接地故障或交流窜入
直流电源母线电压异常	直流母线电压过电压或欠压时
蓄电池组脱离母线	蓄电池与母线未正确连通时（包含蓄电池熔丝断和开关未投入）
蓄电池组开路故障	蓄电池组内部出现断点时
测控装置故障	测控装置自身故障时
总告警	全部告警均触发

c）除上述告警信号之外的其他告警，可通过软报文的形式上送，交直流电源系统软报文上送遥信表如表 2-26 所示。

表 2-26　　　　　　　交直流电源系统软报文上送遥信表

信息类别	信息规范名称	设备内部信息
遥信（故障）	直流电源交流输入故障	双电源切换后，模拟量采集判断
	充电装置输出故障	程序综合判断，充电装置无输出或输出空气开关断路
	直流母线电压过高	程序综合判断，母线电压过高时发出
	直流母线电压过低	程序综合判断，母线电压过低时发出
	蓄电池组脱离母线	程序综合判断，运行方式或运行状态异常时报警
	蓄电池组开路	蓄电池采集模块判断，蓄电池组出现断点时报警
	直流接地	直流母线、直流馈线、蓄电池组接地时报警
	直流电源交流窜入	直流母线、馈线交流窜入时报警

续表

信息类别	信息规范名称	设备内部信息
遥信 （异常）	直流电源交流输入 1 路电源异常	开入信息采集判断
	直流电源交流输入 2 路电源异常	开入信息采集判断
	直流电源交流输入防雷器失效	开入信息采集判断
	直流电源交流输入 1 路空气开关跳闸	开入信息采集判断
	直流电源交流输入 2 路空气开关跳闸	开入信息采集判断
	充电模块故障（$1 \sim N$）	通信信息采集判断
	充电装置输出空气开关 1 跳闸	开入信息采集判断
	充电装置输出空气开关 2 跳闸	开入信息采集判断
	蓄电池组充电过电流	模拟量采集判断
	蓄电池组端电压异常	模拟量采集判断
	蓄电池组核容测试不合格	放电测试程序判断
	蓄电池组环境温度异常	蓄电池采集模块判断
	单体蓄电池电压异常（$1 \sim N$）	蓄电池采集模块判断
	单体蓄电池内阻异常（$1 \sim N$）	蓄电池采集模块判断
	蓄电池组熔断器熔断	开入信息采集判断
	直流电源母线绝缘降低	绝缘监测装置判断
	直流电源馈线支路接地	绝缘监测装置判断
	直流电源蓄电池接地	绝缘监测装置判断
	直流电源直流互窜	绝缘监测装置判断
	馈电屏支路空气开关跳闸（$1 \sim N$）	开入信息采集判断
	充电装置输入采集单元通信中断	通信程序判断
	充电装置输出采集单元通信中断	通信程序判断
	蓄电池组采集单元通信中断	通信程序判断
	直流母线采集单元通信中断	通信程序判断
	绝缘监测模块通信中断	通信程序判断
	蓄电池采集模块通信中断	通信程序判断
	直流电源开入采集模块通信中断	通信程序判断
	直流电源遥控操作模块通信中断	通信程序判断
	直流电源蓄电池放电模块通信中断	通信程序判断

续表

信息类别	信息规范名称	设备内部信息
遥信 （状态）	充电装置交流电源 1 路空气开关状态	1- 合位，0- 分位
	充电装置交流电源 2 路空气开关状态	1- 合位，0- 分位
	充电装置交流电源 1 路投入	1- 合位，0- 分位
	充电装置交流电源 2 路投入	1- 合位，0- 分位
	充电装置输出空气开关 1 状态	1- 合位，0- 分位
	充电装置输出空气开关 2 状态	1- 合位，0- 分位
	充电模块状态（1～N）	1- 运行，0- 待机
	直流母线母联开关状态	1- 合位，0- 分位
	支路开关状态（1～N）	1- 合位，0- 分位
	蓄电池组输出隔离开关状态	1- 合位，0- 分位
	蓄电池组均充状态	1- 均充，0- 非均充
	蓄电池组浮充状态	1- 浮充，0- 非浮充
	蓄电池组放电状态	1- 放电，0- 非放电
	蓄电池组测试状态	1- 测试，0- 非测试

（4）完善监控装置的软件功能。

1）现状及需求。

目前部分变电站一体化电源监控装置系统软件不完善，主要表现在缺少故障录波、无GPS 对时、系统程序容易死机等方面。

需完善监控软件功能，提高软件质量。直流电源集中测控装置应具备录波功能，可对直流故障进行追溯，提升直流系统故障的分析能力。应完善时钟同步及程序自检恢复功能，提高系统运行可靠性。

案例：220kV 某变电站工作中发生不明原因的开关跳闸，由于测控装置没有直流波形录波功能，无法判别故障原因。

2）具体措施。

a）直流电源集中测控装置应具备蓄电池组端电压和电流、直流母线电压、直流负母线对地电压录波功能，当有电压或电流突变增量时可自动启动录波。

b）测控装置应有自动对时功能，可采用 IRIG–B 对时方式或网络 NTP 对时方式。测控装置对时精度误差不大于 1ms，各子模块对时精度误差不大于 10ms。

c）监控软件应具备程序自检及异常自恢复功能，同时将程序自检异常及程序重启信息上送。

（5）优化一体化电源遥测数据。

1）现状及需求。

一体化交流电源缺少部分遥测信息，如 ATS 进线电压、交流母线电压等。直流电源部分测量信息重复采集，重复测量的数字表计较多，故障量大，表计缺陷占直流系统总缺陷的25%。

需要对一体化电源的遥测信息进行统一规范。

2）具体措施。

a）按照 DL/T 856—2004《电力用直流电源监控装置》，完善一体化电源监控系统对电压、电流等遥测信息的采集。一体化电源监控系统遥测信息量如表 2-27 所示。

表 2-27 一体化电源监控系统遥测信息量

设备名称	测量信息	信息性质
站用交流电源	交流进线电压、电流	模拟量
	交流进线有功功率、无功功率	模拟量
	交流母线电压、电流、频率	模拟量
站用直流电源	直流母线电压、电流	模拟量
	蓄电池组电压、电流	模拟量
	单只蓄电池电压、内阻（内阻为可选项）	模拟量
	蓄电池室（柜）环境温度	模拟量
	充电机输出电压、电流	模拟量
	充电模块输出电压、电流	模拟量
	交流输入电压、电流（电流为可选项）	模拟量
	直流母线对地电压	模拟量
	直流母线对地电阻	模拟量
	重要馈线回路电压、电流，例如：直流分屏电源进线	模拟量
	控制母线纹波电压（可选项）	模拟量
UPS 及逆变电源	交流输入电压、电流（电流为可选项）	模拟量
	旁路输入电压、电流（电流为可选项）	模拟量
	直流输入电压、电流（电流为可选项）	模拟量
	逆变输出电压	模拟量
	交流输出母线电压、电流	模拟量
	交流输出母线有功功率、无功功率	模拟量

b）屏柜上仅保留直流电压独立表计，取消其他单独设置的表计，减少不必要的环节。

（6）提升对 UPS 负载电流越限监视功能。

1）现状及需求。

目前 UPS 无负载电流越限监视和报警功能，可能造成 UPS 长期超额定负荷运行，对设备造成损坏。

需要对 UPS 负载情况进行监视预警。

案例：220kV 某变电站自动化 UPS 运行中发生故障，现场检查发现 UPS 负载电流达28A，超出额定容量。更换 UPS 模块的同时对 UPS 进行减负，UPS 电源恢复运行。

2）具体措施。

a）UPS 监控装置增加输出电流预告警功能。

b）整定值按照 UPS 额定电流的 0.6 倍设置。

（7）提升监控装置的运行环境。

1）现状及需求。

一体化电源装置集中运行使得电源的热量较集中，屏柜散热不足。部分产品屏间、屏内设备布置不合理更加重了热集中效应。

需要从屏柜的结构工艺和运行环境两方面改善监控装置的运行环境。

2）具体措施。

a）将发热量较大的模块分散布置，如充电模块、UPS 和逆变电源等，其屏柜不应紧邻布置，中间应使用发热量小的屏柜（如馈线屏）隔离。

b）对发热量大的设备，其屏柜应做好散热设计，在屏柜门板设置散热通道，充分利用热空气的自然对流进行散热，对充电装置屏柜等发热严重屏柜应增加风扇强制通风。

c）测控装置单元后方与屏柜后门距离应不小于 10cm。

d）屏柜间应设置防火隔离板，防止电气原因导致的火灾蔓延。

e）应将一体化电源运行时产生的热量纳入二次设备室空调容量的设计、选型。

（8）提升 48V 通信电源运行可靠性。

1）现状及需求。

目前一体化电源中 48V 通信电源采用 DC/DC 模式，在馈线发生故障时受 DC/DC 模块容量限制无法提供足够的短路电流，可造成馈线开关无法跳闸，或当装置电流过载时，造成 48V 母线电压下降，使所有通信设备重启或停止工作，导致大面积通信中断，48V 通信电源 DC/DC 模块输出特性如图 2-80 所示。

需增设独立的通信电源蓄电池或其他手段，解决 DC/DC 模块容量不足的问题。

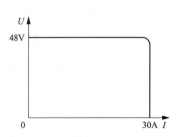

图 2-80　48V 通信电源 DC/DC 模块输出特性

2）具体措施。

a）在48V母线上并联大电容，当馈线短路时，由大电容提供短时的短路电流，从而使馈线开关快速跳开，保证馈线开关的选择性。

b）增设独立的小容量锂电池（1U，插拔式）模块，既可提供短路大电流，又可提供短时过载电流。

c）设置独立的传统48V直流系统和蓄电池组，保证通信电源的可靠性。

d）对增设48V大电容、增设独立小容量电池、独立的通信电源蓄电池组三个方案，从投资成本、可靠性、运维工作等方面进行对比，三个方案成本、运维等方面的比较如表2-28所示。

表2-28　　　　　　　　　　三个方案成本、运维等方面的比较

对比项	并联大电容	并联蓄电池模块	独立48V通信电源
投资成本	比并联蓄电池模块低	比并联大电容高	比并联蓄电池模块高
可靠性	比并联蓄电池模块低	比并联大电容高	比并联蓄电池模块高
运维工作	需要对电容进行定期校验，运维不便利	比并联大电容便利	比并联蓄电池复杂，比并联大电容便利
专业管理	专业不清	专业不清	专业条线清楚
运维管理	较少	比独立48V通信电源少	较多
结构	比并联蓄电池模块简单	较简单	比并联蓄电池模块复杂
场地占用	相对较少	相对较少	比并联蓄电池模块多

通过上述比较，提出如下建议：在500kV及220kV枢纽变电站采用双重化的独立通信电源蓄电池组；220kV终端站及110kV变电站可采用增加小容量蓄电池模块的方式，以减少投资；对35kV及以下通信电源，可在48V母线增加并联电容器，提高短路情况下的供电可靠性。

（9）提升两段母线间直流寄生回路电阻测量功能。

1）现状及需求。

目前一体化直流电源系统中，缺乏直流互窜监测告警功能。

需增设两段直流母线间寄生回路电阻测量告警功能，量化两段直流母线之间的绝缘情况，及时发现单线寄生回路和回路互窜，保证两段直流母线的独立性，提高电网继电保护可靠性。

案例：在220kV某变电站直流寄生回路普查工作中，发现两段直流母线之间的电阻值为7kΩ，经采用跨段母线模拟接地法排查确认寄生回路在中央信号控制屏内部，经现场人员处理后寄生回路消失。

2）具体措施。

增加绝缘监测装置对直流母线互联、二次寄生回路的监视功能。在不平衡电桥切换时，观察两段直流母线对地电压是否同时变化，若存在同时变化的情况，则可判断存在互联或寄生回路。根据两段母线对地电压变化值的大小，可计算两段母线之间的寄生回路电阻值，公式如下：

$$R_{\mathrm{j}} = R_2 \left(\frac{\Delta U_1}{\Delta U_2} - 1 \right)$$

式中：R_{j} 为两段母线之间的电阻值；R_2 为另一段母线对地等效电阻；ΔU_1 为本段母线对地电压变化值，ΔU_2 为另一段母线对地电压变化值。

（10）提升对进线、馈线开关状态的监视功能。

1）现状及需求。

目前在运的部分一体化电源系统对进线、馈线开关的状态监视功能不足，导致运行人员无法监视现场变化情况，如现场保护自动化电源开关跳闸、交流开关切换等状况无法及时发现，可能导致故障范围扩大。

需完善一体化电源监控系统对进线、馈线开关状态的监视功能，提升运维人员对故障判断的准确性，提高直流设备运行可靠性。

2）具体措施。

a）交流电源进线开关装设位置、跳闸、切换监控告警信息，并上传至监控装置。

b）交流馈线开关装设位置、跳闸监控告警信息，并上传至监控装置。

c）交流监控装置在发生跳闸等状态变化时对进线、馈线跳闸信息进行判断，确定具体的故障内容和故障位置。

d）直流馈线开关装设跳闸监控告警信息，所有跳闸信号上传至监控装置。

e）UPS 和事故照明交流馈线开关装设跳闸监控告警信息，所有跳闸信号上传监控装置。

2.3.4　一体化电源系统智能化关键技术

通过广泛调研，共提出智能化关键技术 4 项。

（1）推进一体化智能监控平台建设。

1）现状及需求。

目前，变电站内交直流电源系统一般有两种模式：

a）分散布置模式：交流电源、直流电源、通信电源、UPS 电源、逆变电源分散布置，各成一套系统，分别与自动化系统通信。

b）一体化电源模式：采用一体化电源，将交流电源、直流电源、通信电源、UPS 电源、逆变电源等多个分散的监控装置接入一个总监控，通过总监控装置与变电站监控系统通信。

上述两种方式均存在一些问题：

a）分散布置模式下多系统主机并存。各子系统独立监控，形成多个信息孤岛，信息汇总在站内自动化，无法对信息进行专业化、智能化分析处理。

b）一体化电源模式采用一个总监控将各子系统信息收集后上送的方式，导致通信层级太多，总监控成为通信环节的瓶颈，一旦总监控故障将导致整个电源系统失去监控。

c）装置运行可靠性低。蓄电池采集模块、绝缘监测模块等前端装置、传感器等多为电源系统厂家二次采购，设备质量参差不齐，增加了大量额外运维工作。

d）系统间设备无法实现联动。站端监控系统、电源监控系统等后台独立设置，数据无共享交互，设备间无法根据相应策略实现联动。

需要建立统一的变电站一体化智能监控平台，实现变电站交、直流电源的监测、控制以及和其他系统间的联动，提升运维效率和设备运行可靠性，一体化智能变电站监控平台结构如图 2-81 所示。

变电站站内直流电源和交流电源分成两个独立的监控装置（500kV 及以上、220kV 枢纽变电站冗余配置），接入变电站Ⅰ区网络。

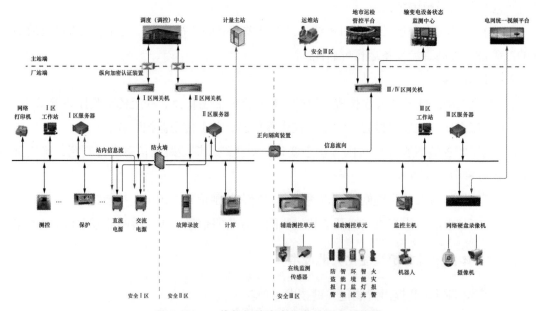

图 2-81　一体化智能变电站监控平台结构图

站内通过Ⅰ区服务器和工作站进行交流电源、直流电源系统的遥信、遥测监视，实现对交流进线开关、分段开关的遥控分合操作，实现直流系统的充电机输出远程操控、蓄电池充/放远程操控和主输出开关远程分合等遥控功能。

站内监控后台数据经正向隔离装置接入Ⅲ区服务器，实现Ⅰ/Ⅱ区数据与Ⅲ/Ⅳ区数据的一体化监控。

交、直流电源监控系统通过防火墙、服务器、网关机等设备将信息上送至Ⅲ区的运检管控平台，主站可随时查看站内的信息，存储数据，进行告警应用分析，对站内交直流电源系统的设备进行远程遥控等。

2）优缺点。

建设一体化智能监控平台，对现有孤立分散的各类辅助系统资源进行整合，实现辅助系统的优化配置、信息资源共享、系统间业务的无缝衔接，从而提高变电站一体化运行水平，解决辅助系统种类繁杂、运行信息分散、无法联动等问题，满足大检修的需要。

一体化智能监控平台存在以下缺点：

a）直流电源系统所有数据全部接入Ⅰ区服务器，数据量大，带宽要求高。

b）区服务器处理数据量增大，性能要求高。

c）上送主站的信息流经过的中间环节多，Ⅰ／Ⅱ区之间的防火墙、Ⅱ／Ⅲ区正向隔离装置不稳定，可能存在数据丢失现象。

d）数据传输涉及Ⅰ、Ⅱ、Ⅲ三个安全区，网络安全的配置策略复杂。

3）技术成熟度及难点。

直流电源系统集中监控已有厂家进行方案设计，但产品开发仍处于起步发展阶段，对各子系统的软硬件接口和通信规约需进行统一，各设备制造厂家需重新设计软、硬件系统。目前无成型设备，需要联合自动化监控技术企业、信息技术企业和各类交、直流电源企业统一开发软件，成本较高，周期较长，因涉及软件开发、安全区改接等因素，成本估算困难。

电源系统接入站内Ⅰ区，涉及网络安全区的划分，需对网络安全区的划分方案进行讨论。

（2）推进一体化电源设备标准化"五统一"。

1）现状与需求。

目前，一体化电源设备在功能配置、装置界面、端子排布局、信号名称、定值设置等方面没有遵循统一的标准，导致现场设备设置混乱，不利于运维人员监控和运维。

需要制定统一的标准，从下述几个方面推进一体化电源设备"五统一"：

a）功能配置统一：针对直流电源、交流电源分别制定统一的功能配置标准。对有特殊需求的，可从选配功能列表中差异化选择。

b）人机界面统一：统一监控装置的人机界面，制定统一的设置菜单层级、监视菜单层级、操作菜单层级和界面布局标准等，解决界面混乱的问题。

c）端子排布局统一：通过按照自上而下，按功能分段设计端子排，解决交直流回路、输入输出回路、强电弱电回路在端子排上排列的位置混乱、交错等问题。端子排的各个功能段标识统一颜色。

d）信号名称统一：统一规定交直流系统的告警信号名称，包括装置自身人机对话窗口报文和发送至远方监控系统的报警名称。

e）定值模板统一：统一定值模板，为现场运行维护创造统一的条件。

2）优缺点。

统一功能配置、人机界面、端子排布局、信号名称、定值模板等内容，可为现场设备调试、运行和设备检修带来便利，节省调试时间、成本，降低安全风险。

3）技术成熟度及难点。

技术成熟，无难点。

（3）推进交直流电源系统远方遥控和维护。

1）现状及需求。

目前，绝大多数变电站交直流系统不具备在站端后台远方遥控和维护功能，运检人员往返次数多、效率低下，不利于事故状态下的紧急处理。

需要实现交直流系统的远方遥控和维护，应包括以下几个方面：

a）充电装置远程操作和维护。充电装置输出电压值设定、充电限流值设定、均充/浮充方式切换、开/关机控制。

b）蓄电池远方核容操作。充电装置输出开关、蓄电池输出开关、蓄电池放电负载开关、母线联络开关的遥控操作，实现蓄电池远方核容操作。

c）交流电源远方操作和维护。400V进线和分段开关遥控操作、开关逻辑连锁设置、双电源自动切换设置。

2）优缺点。

实现交、直流系统在站端后台的远方遥控和维护，有利于提高运检效率。

3）技术成熟度及难点。

国内交、直流远方操作和维护的技术成熟，难点在于无有效措施保障远方操控的安全性和设备动作的可靠性。

（4）开展两段直流母线短时互供功能试点应用。

1）现状与需求。

目前220kV及以上变电站配置两组蓄电池，分别带两段直流母线，母线之间独立运行，存在以下问题：

a）当需要蓄电池组供电时，若某组蓄电池故障或容量不足，将导致直流母线失压或欠压，该段直流母线上的继电保护和自动化设备将进入非自动状态。

b）蓄电池组在线放电维护时，由于存在放电过程中交流进线失电的情况，将导致蓄电池组容量不足，故在线放电时，只能浅放，不利于准确定位故障蓄电池。

需增设两段母线短时互供功能，提高直流母线的运行可靠性，保证一次设备故障能可靠隔离，从而提高整个系统的供电可靠性和安全性。

在两段直流母线之间增加双向直流变换器（双向DC/DC模块）系统结构如图2-82所示，双向DC/DC模块如图2-83所示。

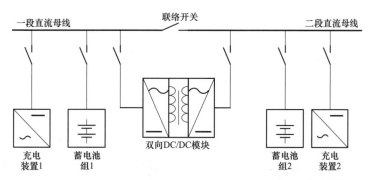

图 2-82 在两段直流母线之间增加双向直流变换器系统结构示意图

图 2-83 双向 DC/DC 模块

正常情况下，双向 DC/DC 模块处于热备用，其两个直流端口均处于输入状态，不参与能量变换，两个直流端口之间电气隔离，隔离电压大于 2500V，确保两段母线的独立性，因此对直流母线的正常运行没有影响。

异常情况下，双向 DC/DC 模块的作用：

a）当任一母线电压出现急剧下跌时，双向 DC/DC 模块可快速（0.3ms 以内）将对应的直流端口转换为输出状态，从而保证直流母线供电的连续性。当故障发生在直流母线上时，双向 DC/DC 模块具有限流保护特性，不会影响正常母线的安全运行。

b）蓄电池组在线维护放电时，若发生交流进线停电，双向 DC/DC 模块能够自动将另一组蓄电池的电能转移至已经放电的蓄电池组，保证两段母线正常供电，所以进行蓄电池在线放电时，可以开展大容量放电。

直流监控装置能监测双向 DC/DC 模块的运行状态，设置其输出电压。一旦双向 DC/DC 模块启动，则意味着某段直流母线发生故障，直流监控装置可记录发生动作的时刻和持续时间，并发出告警信号。

2）优缺点。

从电源结构上较好地解决了两段直流母线间的互相支持，在确保母线之间相互独立的基础上，使两段母线在紧急情况下可以互相支援，同时保证了故障时支援母线的安全性。

3）技术成熟度及难点。

双向 DC/DC 在储能电站已得到广泛应用，监控简单，独立性好，技术较成熟，无难点。

2.4　站用交直流电源系统架构对比及选型建议

2.4.1　对比范围

本节列举了传统站用交直流电源系统、站用交直流一体化电源系统、智能变电站用交直流电源系统三种站用电源系统，分别从性能、可靠性、运维便利性、投资成本等方面进行对比。

2.4.2　设备简述

（1）传统站用交、直流电源系统。传统站用交、直流电源系统由交流电源系统和直流电源系统组成，各系统独立设计、独立配置、独立监控，其运行工况和运行信息通过各自通信接口上传至后台，主要用于常规变电站。

1）传统直流电源系统。

a）系统组成。站用直流电源系统一般由充电装置、直流馈电屏、蓄电池组、馈电网络等组成，其主要作用是为站内电气部分的保护、控制、信号、测量和开关设备操动机构等提供工作电源。

b）通信网络结构。传统直流电源系统中，每组充电模块配置独立的直流电源监控装置，每段母线配置独立的绝缘监测装置，每组蓄电池配置独立的蓄电池巡检装置。直流电源监控装置是直流电源管理系统的核心，对下通过 RS485 接口和 Modbus 规约实现对子系统（模块）的管理，对上也通过 RS485 接口和 Modbus 规约接入站控层网络，传输本监控装置信息。同时，重要告警信息通过无源硬触点上传至公用测控装置。传统直流电源通信网络图如图 2-84 所示。

整个网络结构按设备类型分为三层：

第一层为信息采集模块，包括蓄电池采集模块、分屏绝缘监测模块、馈线绝缘检测 TA、充电模块、数字网络仪表。

第二层为子系统功能主机，包括绝缘监测装置、蓄电池监测装置等。

第三层为各直流电源监控装置，分别接入站控层网络。

2）传统交流电源系统。

a）系统组成。传统站用交流电源系统一般是由站用进线电源、站用变压器、400V 交流配电屏、交流供电网络组成的系统，其主要作用是给变电站内的一、二次设备及站用生活提供持续可靠的操作或动力电源。

b）通信网络结构。传统站用交流电源不配置独立的监控装置，重要告警信息通过继电器触点上传公用测控装置。

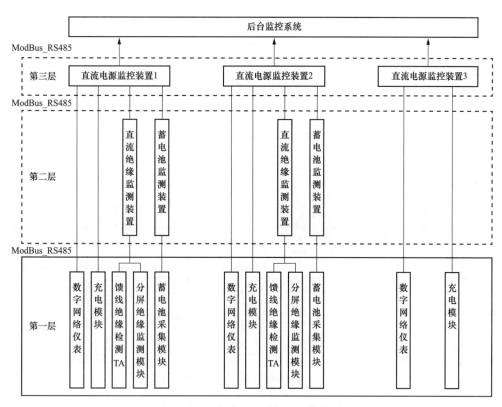

图 2-84　传统直流电源通信网络图

（2）站用交直流一体化电源系统。

1）系统组成。一体化电源系统是由交流电源、直流电源、交流不间断电源（UPS）、逆变电源（INV）、通信电源、各种电压等级的直流变换电源（DC/DC）等装置组成，并具备统一监视控制、共享直流电源的蓄电池组。

330kV 及以下变电站的交直流一体化电源系统中，48V 通信电源通过 DC/DC 变换实现，纳入一体化监控装置管理，500kV 及以上变电站的 48V 通信电源独立配置，不接入一体化电源监控系统。

2）通信网络结构。站用交直流一体化电源系统配置一体化监控装置，与各子系统监控装置通信，汇总设备信息，并进行统一的画面显示、报警监视及操作控制。一体化监控装置作为唯一的 IED 设备，通过以太网接口和 IEC 61850 规约，接入站控层网络，对上传输信息。同时，重要告警信息可通过无源硬触点上传至公用测控装置。一体化电源功能架构及通信网络图如图 2-85 所示。

一体化监控网络层级按设备类型分为四层：

第一层为信息采集模块、操作执行模块和功率变换模块，包括蓄电池采集模块、分屏绝缘监测模块、馈线绝缘检测 TA、数字网络仪表、充电模块、DC/DC 变换模块。

第二层为子系统功能主机，包括绝缘监测装置、蓄电池监测装置等。

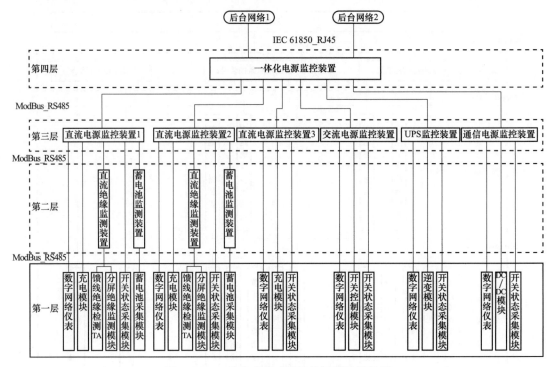

图 2-85　一体化电源功能架构及通信网络图

第三层为各电源子系统监控装置，包括直流监控装置、交流监控装置、UPS 监控装置及通信电源监控装置。

第四层为一体化监控装置，汇总各电源子系统监控装置上传的信息，并作为 IED 设备接入站控层网络。

直流监控装置按充电装置单独配置，每台直流监控装置仅监视、采集、控制本单元设备，仅上传本单元直流设备信息。直流监控装置、交流监控装置、UPS 监控装置、通信电源监控装置单独向上传输信息，各装置之间不进行信息的横向传输和信息分享。

（3）智能交直流电源系统。智能交直流电源取消一体化监控装置，设置交、直系统智能测控装置，分别完成站用交流和直流电源系统运行工况、信息的采集及上传。

1）智能直流电源系统。

a）系统组成。智能直流电源系统由交流配电单元、蓄电池组、充电装置、蓄电池核容装置、采集模块、远程控制模块、电动操作开关、直流馈电网络、UPS 电源及智能直流电源测控装置组成。由于 48V DC/DC 模块过载能力差，不能满足通信电源的高可靠性要求，110kV 及以上变电站应单独配置 48V 通信电源。智能直流电源系统接线图（220kV）如图 2-86 所示。

b）通信网络结构。智能直流电源系统配置智能直流电源测控装置（简称直流测控装置），作为直流电源系统的管理核心。直流测控装置集成了直流绝缘监测、蓄电池监测、蓄电池核容等功能，取消了传统直流系统中的绝缘监测和蓄电池巡检等装置。智能直流电源系统实现了整套直流电源的数据汇总及存储、运行状态监视及告警、图形化展示、蓄电池充放电管理、故障分析、运维决策和远程操作等功能。

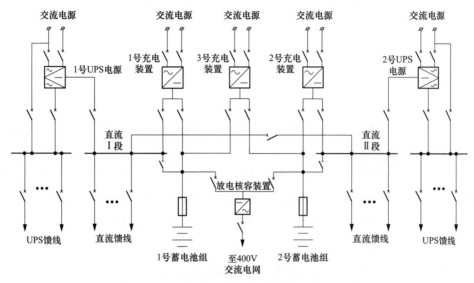

图 2-86　智能直流电源系统接线图（220kV）

直流测控装置作为 IED 设备，通过以太网接口和 IEC 61850 规约，接入站控层网络，对上传输直流电源系统信息。同时，重要告警信息可通过无源硬触点上传至公用测控装置。智能直流电源测控装置功能架构及通信网络图如图 2-87 所示。

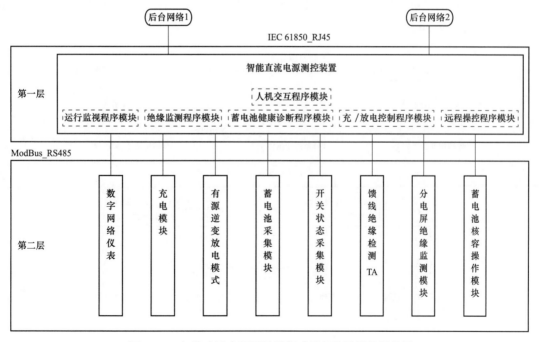

图 2-87　智能直流电源测控装置功能架构及通信网络图

智能直流电源系统通信网络层级按设备类型分为两层：

第一层为信息采集模块和功能执行模块，包括数字网络仪表、高频充电模块、有源逆变放电模块、蓄电池采集模块、馈线状态采集模块、数字式直流馈线 TA、分电屏绝缘监测模块、远程操作模块。

第二层为智能直流电源测控装置，汇总整个直流电源系统信息，并作为 IED 设备双网接入站控层网络。

在 110kV 及以下变电站，配置一台直流测控装置，在 220kV 及以上变电站，配置主、备直流测控装置，主备机测控装置之间通过软件进程互相监视，确定主备机之间的故障切换机制。

2）智能交流电源系统。

a）系统组成。智能变电站用交流电源系统由交流进线断路器、交流配电网络及智能交流电源测控装置构成。智能交流电源测控装置具备备自投功能，每段交流母线设有主供电源和备用电源各一路，主供电源正常时，主供电源投入母线段对负荷供电，主供电源故障造成该段母线失压时，通过智能交流电源测控装置的逻辑判断，自动切除主供电源、投入备用电源，保证交流母线正常供电。智能交流电源系统接线图（500kV）如图 2-88 所示。

b）通信网络结构。智能变电站用交流电源系统配置智能交流电源测控装置（简称交流测控装置），作为交流电源系统的管理核心，实现交流电源系统的数据汇总及存储、运行状态监视及告警、图形化展示、备用电源自动投入、远程操作等功能。智能交流电源测控装置作为 IED 设备，通过以太网接口和 IEC 61850 规约，接入站控层网络系统，对上传输信息。同时，重要告警信息可通过无源硬触点上传至公用测控装置。智能变电站用交流电源系统通信网络架构如图 2-89 所示。

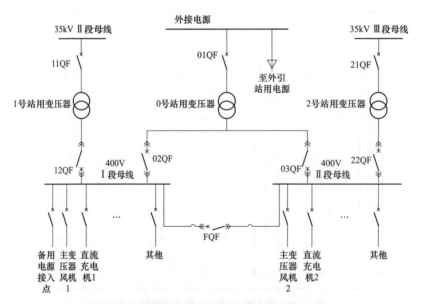

图 2-88　智能交流电源系统接线图（500kV）

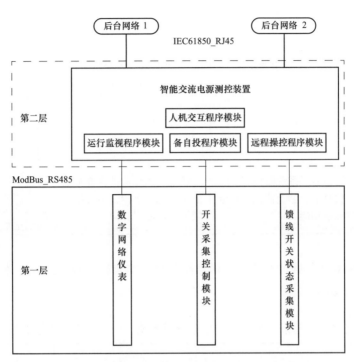

图 2-89　智能变电站站用交流电源系统通信网络架构图

智能交流电源系统通信网络层级按设备类型分为两层：

第一层为数字网络仪表、采集模块、操作控制模块等。

第二层为交流测控装置，汇总整个交流电源系统的信息，并作为 IED 设备双网接入站控层网络。

在 110kV 及以下变电站，配置 1 台交流测控装置，在 220kV 及以上变电站，配置主、备交流测控装置，主备机测控装置之间通过软件进程互相监视，确定主备机之间的故障切换机制。

2.4.3　优缺点比较

（1）性能对比。智能交直流电源系统与传统交直流电源系统、一体化电源系统的性能对比如表 2-29 所示。

表 2-29　智能交直流电源系统与传统交直流电源系统、一体化电源系统性能对比

性能＼设备	传统交直流电源系统	一体化电源系统	智能交直流电源系统
信息采集范围	采集系统故障、异常信号，不采集状态信息	采集系统故障、异常信号和联络开关等部分状态信息	采集系统故障、异常信号和全部状态信息
信息传输速率	两层网络结构，交、直流信息分开传输，通过 RS485 串口传输，传输速率较智能交直流电源系统低	三层网络结构，交、直流信息通过以太网接口统一传输，传输速率较智能交直流电源系统低	两层网络结构，交、直流信息通过以太网接口分开传输，传输速率高

续表

性能 \ 设备	传统交直流电源系统	一体化电源系统	智能交直流电源系统
高级应用	无高级应用功能	无高级应用功能	具备运行方式识别、蓄电池故障诊断、蓄电池回路完好性诊断、蓄电池一键核容等高级应用功能
信息展示	通过各子系统监控装置实现信息汇总、上传，不具全景展示功能	通过一体化监控装置实现信息汇总、上传，不具备全景展示功能	通过智能测控装置实现站用电源系统信息采集，按设备对象进行信息整合，实现全景展示

（2）配置规模对比。智能交直流电源系统与传统交直流电源系统、一体化电源系统的配置规模对比如表 2-30 所示。

表 2-30　智能交直流电源系统与传统交直流电源系统、一体化电源系统的配置规模对比

电压等级（kV） \ 设备	传统交直流电源系统	一体化电源系统	智能交直流电源系统
35（66）	充电装置：1 组 蓄电池：2 组（含通信48V 蓄电池 1 组） 直流监控装置：1 台 绝缘监测装置：1 台 蓄电池监测装置：1 台 ATS 装置：1 台	充电装置：1 组 蓄电池：1 组 直流监控装置：1 台 绝缘监测装置：1 台 蓄电池监测装置：1 台 DC/DC 装置：1 台 ATS 装置：1 台 交流监控装置：1 台 一体化监控装置：1 台 较传统交直流电源系统增加 3 台装置，减少 48V 通信蓄电池 1 组	充电装置：1 组 蓄电池：2 组（含 48V 通信蓄电池 1 组） 智能直流测控装置：1 台 智能交流测控装置：1 台 较传统交直流电源系统减少 2 台装置
110	充电装置：1 组 蓄电池：2 组（含通信48V 蓄电池 1 组） 直流监控装置：1 台 绝缘监测装置：1 台 蓄电池监测装置：1 台 ATS 装置：1 台	充电装置：1 组 蓄电池：1 组 直流监控装置：1 台 绝缘监测装置：1 台 蓄电池监测装置：1 台 DC/DC 装置：1 台 ATS 装置：1 台 交流监控装置：1 台 一体化监控装置：1 台 较传统交直流电源系统增加 3 台装置，减少 48V 通信蓄电池 1 组	充电装置：1 组 蓄电池：2 组（含通信48V 蓄电池 1 组） 智能直流测控装置：1 台 智能交流测控装置：1 台 较传统交直流电源系统减少 2 台装置

电压等级（kV） \ 设备	传统交直流电源系统	一体化电源系统	智能交直流电源系统
220	充电装置：2 组 蓄电池：4 组（含 48V 通信蓄电池 2 组） 直流监控装置：2 台 绝缘监测装置：2 台 蓄电池监测装置：2 台 ATS 装置：2 台	充电装置：2 组 蓄电池：2 组 直流监控装置：2 台 绝缘监测装置：2 台 蓄电池监测装置：2 台 DC/DC 装置：2 台 ATS 装置：2 台 交流监控装置：1 台 一体化监控装置：1 台 较传统交直流电源系统增加 4 台装置，减少 48V 通信蓄电池 2 组	充电装置：2 组 蓄电池：4 组（含 48V 通信蓄电池 2 组） 智能直流测控装置：2 台（主备机） 智能交流测控装置：2 台（主备机） 较传统交直流电源系统减少 4 台装置
330 及以上	充电装置：3 组 蓄电池：4 组（含 48V 通信蓄电池 2 组） 直流监控装置：3 台 绝缘监测装置：2 台 蓄电池监测装置：2 台 备自投装置：2 台	充电装置：3 组 蓄电池：4 组（含 48V 通信蓄电池 2 组） 直流监控装置：3 台 绝缘监测装置：2 台 蓄电池监测装置：2 台 备自投装置：2 台 交流监控装置：1 台 一体化监控装置：1 台 较传统交直流电源系统增加 2 台装置	充电装置：3 组 蓄电池：4 组（含 48V 通信蓄电池 2 组） 智能直流测控装置：2 台（主备机） 智能交流测控装置：2 台（主备机） 较传统交直流电源系统减少 5 台装置

（3）可靠性对比。智能交直流电源系统与传统交直流电源系统、一体化电源系统的可靠性对比如表 2-31 所示。

表 2-31　智能交直流电源系统与传统交直流电源系统、一体化电源可靠性对比

可靠性 \ 设备	传统交直流电源系统	一体化电源系统	智能交直流电源系统
网络传输可靠性	两层网络结构，交、直流信息分开传输，传输可靠性高	三层网络结构，交、直流信息通过一体化监控装置统一传输，传输可靠性低于传统交直流电源系统	两层网络结构优化，交、直流信息分开传输，传输可靠性高于传统交直流电源系统
监控装置故障影响范围	各监控装置监测本单元设备，装置故障造成本单元设备信息无法上传，故障影响范围较小	一体化监控装置单一配置，装置故障容易造成所有信号无法上传；子系统监控装置故障，造成本单元设备信息无法上传，故障影响范围大	智能测控装置直接监测全部设备，主备机冗余配置，单机故障时不影响整体信息上传，故障影响范围小于传统交直流电源系统

（4）便利性对比。智能交直流电源系统与传统交直流电源系统、一体化电源系统的便利性对比如表 2-32 所示。

表 2-32 三种电源系统便利性对比

便利性 \ 设备	传统交直流电源系统	一体化电源系统	智能交直流电源系统
安装便利性	故障信号通过二次电缆传输，跨屏电缆较多，接线安装工作量大	部分信号通过二次电缆传输，跨屏电缆较传统交直流电源系统少，接线安装工作量较小	智能站用交直流系统信号通过网络传输，无跨屏二次电缆，接线安装工作量小
调试便利性	交、直流测控装置分开，信息量少，串口通信调试难度较智能交直流电源系统低	一体化测控装置数据集中，装置配置文件复杂，建模标准难以统一，调试难度较智能交直流电源系统高	交、直流智能测控装置分开，装置配置文件简单，易于实现标准化，调试难度低
运维便利性	无远程维护功能，现场维护工作量大，故障处理时效性差	远程维护功能不足，现场维护工作量大，故障处理时效性差；为通信设备提供电源，跨专业维护难度大	具备远程维护功能，现场运维工作量少
更换改造便利性	测控装置种类多，备品备件数量多，更换改造便利性差	测控装置种类多，备品备件数量多，更换改造便利性差	测控装置种类少，备品备件数量少，更换改造便利性好

（5）一次性采购成本。智能交直流电源系统与传统交直流电源系统、一体化电源系统的一次性采购成本对比如表 2-33 所示。

表 2-33 智能交直流电源系统与传统交直流电源系统、一体化电源系统的一次性采购成本对比

电压等级（kV）\ 设备	传统交直流电源系统（含交流电源、直流电源、UPS 电源、监控装置）（万元）	一体化电源系统（含交流电源、直流电源、UPS 电源、通信电源、监控装置）（万元）	智能交直流电源系统（含交流电源、直流电源、UPS 电源、智能测控装置、核容装置）
35（66）	8	10	成本较一体化电源系统降低
110	12	14	
220	25	30	
330 及以上	60	65	

（6）后期成本。智能交直流电源系统与传统交直流电源系统、一体化电源系统的后期成本对比如表 2-34 所示。

表 2-34　智能交直流电源系统与传统交直流电源系统、一体化电源系统的后期成本对比

设备 后期成本	传统交直流电源系统	一体化电源系统	智能交直流电源系统
运维成本	运行过程中需人工巡视、蓄电池定期核容、设备状态人工评估，运维成本高	运行过程中需人工巡视、蓄电池定期核容、设备状态人工评估，运维成本高	通过一体化监控平台，实现设备状态全面监测、自动核容和设备操作操控，运维成本低
检修成本	测控装置种类多，维修或更换复杂，备品备件成本高	测控装置种类多，维修或更换复杂，备品备件成本高	测控装置种类少，维修更换简单，备品备件成本低

2.4.4　优缺点总结及选型建议

（1）传统交直流电源系统。

优点：网络层级少，网络结构简单；交、直流信息分开传输，传输可靠性高；一次性建设成本低。

缺点：信息采集不全，无远程操控功能，现场运维工作量大；高级应用功能不足，智能化程度低，对运维人员技术要求较高。

选型建议：建议不采用。

（2）一体化电源系统。

优点：UPS 电源、逆变电源共享直流系统蓄电池，节约蓄电池成本。

缺点：通信网络层级过多，传输效率低；无远程操控功能，现场运维工作量大；监控装置数量多，运维成本高；高级应用功能不足，智能化程度低，对运维人员技术要求较高；48V 通信电源 DC/DC 可靠性低。

选型建议：建议不采用。

（3）智能交直流电源系统。

优点：网络层级少，交、直流信息分开传输，信息传输效率及可靠性高；具备远程操控及远程维护功能，现场运维工作量少；测控装置功能优化，智能化程度高，作业流程简化，对运维人员技术要求较低；交、直流系统分离，便于改造更换。

缺点：无成熟产品，需要进行产品研发。

选型建议：建议开展产品研发，推进试点应用。

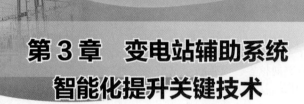

第3章 变电站辅助系统智能化提升关键技术

3.1 智能巡检机器人

3.1.1 设备简述

智能巡检机器人系统是利用磁导航、激光导航等方式，搭载可见光相机、红外热像仪等传感检测设备，利用图像识别、红外带电检测、自动充电等自动化、智能化技术，通过自主或遥控模式实现对变电站设备、环境进行智能巡检的系统。变电站智能巡检机器人系统主要由智能巡检机器人、本地监控后台、无线基站、充电房等设备组成。变电站智能巡检机器人系统结构图如图3-1所示。

图 3-1 变电站智能巡检机器人系统结构图

3.1.2 主要问题分类

通过广泛调研，共提出主要问题14大类、27小类。对其按问题类型统计如表3-1所示，巡检机器人主要问题占比如图3-2所示。

表 3-1 巡检机器人主要问题分类

问题分类	占比（%）	问题细分	占比（%）
激光导航智能巡检机器人定位不精确	19.4	巡检环境变化导致激光定位偏差	19.4
智能巡检机器人表计识别率、覆盖率不高	14.5	表计朝向不合理	6.5
		表计识别率低	4.8
		设备本体窗口模糊	1.6

续表

问题分类	占比（%）	问题细分	占比（%）
智能巡检机器人表计识别率、覆盖率不高	14.5	表计指针与背景相似	1.6
智能巡检机器人续航能力不足	12.9	一次任务需多次充电	6.5
		充电时间过长	3.2
		电池容量不足	3.2
室内设备未纳入巡检范围	9.7	室内设备未纳入巡检范围	9.7
智能巡检机器人系统未实现与 PMS 等其他系统的联动	8.1	智能巡检机器人系统未实现与 PMS 等其他系统的联动	8.1
智能巡检机器人转运烦琐	8.1	智能巡检机器人转运烦琐	8.1
智能巡检机器人雷达探测区域存在盲区	6.5	智能巡检机器人雷达探测区域存在盲区	6.5
智能巡检机器人红外测温、分析功能不完善	6.4	红外分析能力不完善	4.8
		无定点红外测温任务模式	1.6
智能巡检机器人判别检修道路、视频保存功能不完善	4.8	无法判别检修设备、检修道路	3.2
		无视频自动保存功能	1.6
智能巡检机器人巡检效率较低	4.8	巡检道路建设不合理	3.2
		智能巡检机器人行进速度慢	1.6
智能巡检机器人环境适应能力差	3.2	智能巡检机器人冰雪天气无法运行	1.6
		智能巡检机器人充电房无环境控制装置	1.6
智能巡检机器人无集中控制功能	1.6	智能巡检机器人无集中控制功能	1.6

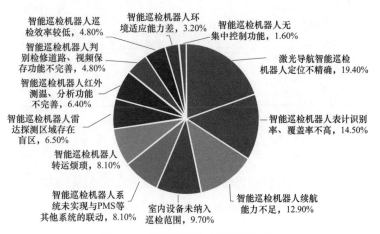

图 3-2　巡检机器人主要问题占比

3.1.3 可靠性提升措施

（1）变电站智能巡检机器人接入一体化监控平台。

1）现状及需求。

目前变电站智能巡检机器人系统孤网运行，信息未与变电站其他系统进行融合，无法实现与其他系统间的数据共享。

需要将变电站智能巡检机器人系统接入变电站一体化智能监控平台，实现与其他系统的数据共享，提升运维效率。

2）具体措施。

a）建设变电站一体化智能监控平台，将智能巡检机器人系统纳入站内一体化智能监控平台统一管理。

b）智能巡检机器人主机通过 IEC 61850 规约和视频通信协议，将各类采集数据、图片、视频上送至变电站一体化智能监控平台，报警图片在一体化平台和机器人本地后台同时存储，正常巡检图片及视频本地存储。

（2）提升表计覆盖率、识别率。

1）现状及需求。

变电站现场表计种类繁多，因表计朝向、指针与表盘无明显色差等因素影响，造成表计识别率、覆盖率不高。

需要将智能巡检机器人表计识别率、覆盖率提升到 100%。

案例：500kV 某变电站设备安装时没有合理规划位置，导致出现表计被管线遮挡，无法覆盖，如图 3-3 所示。

图 3-3　表计被遮挡

2）具体措施。

a）在变电站设计阶段应考虑机器人对巡检道路的需求，巡检道路设置应满足机器人巡检表计覆盖率 100% 的要求，道路与表计的距离应适中。

b）在设计、采购、安装阶段应考虑表计安装位置和朝向满足机器人巡检的需求。应使表计正面朝向巡检道路，安装位置较高的表计应向下倾斜，方便智能巡检机器人识别；对于无法拍摄的表计可采用反射镜等辅助手段，如图 3-4 所示。

图 3-4　采用反射镜辅助手段

c）在设计、采购阶段应选用指针和表盘色差明显的表计，如图 3-5 所示。

图 3-5　表计指针与表计颜色区别明显

d）表计安装时应调整位置和朝向使表计正面无遮挡，方便智能巡检机器人正常识别。

（3）提升智能巡检机器人续航能力。

1）现状及需求。

巡检机器人电池容量不能满足长时间巡检的要求，特别在巡检区域较大和严寒天气巡检时机器人续航能力不足。

需要提升巡检机器人续航能力。

2）具体措施。

a）宜采用高电压的智能巡检机器人电池（如 48V 电池），减少机器人巡检过程中的能量损耗。

b）优化路径规划算法选择最短路径，减少电量消耗。

c）采用轻质材料，减轻机器人重量，减少电量消耗。

（4）提升激光导航智能巡检机器人环境适应性。

1）现状及需求。

变电站的巡检区域空旷、灌木生长、设备变动等环境因素导致激光导航智能巡检机器人定位发生偏移。

需要适当增加定位标识物，提高激光导航智能巡检机器人环境适应性，减少周边环境变化对激光导航智能巡检机器人定位的影响。

2）具体措施。

a）在空旷的巡检区域应增设栅栏、围挡等永久性定位标识物，增加激光导航智能巡检机器人定位参考点，提高定位精度。

b）宜采用 3D 激光导航等更先进的导航方式，通过 360° 全方位扫描定位提高激光导航智能巡检机器人的定位精度，减少因灌木生长、设备变化等带来的定位误差。3D 激光导航智能巡检机器人如图 3-6 所示，3D 激光扫描点云效果图如图 3-7 所示。

图 3-6　3D 激光导航智能巡检机器人

图 3-7　3D 激光扫描点云效果图

（5）将室内设备纳入巡检范围。

1）现状及需求。

目前变电站室内 GIS、开关柜、继电保护等设备未纳入智能巡检机器人巡检范围，需人工进行巡检，无法有效减少运维工作量。

需将室内 GIS、开关柜、继电保护等设备的表计、连接片状态、指示灯、切换开关等纳入智能巡检机器人的巡检范围。

2）具体措施。

将室内一、二次设备纳入巡检范围，室内宜采用挂轨式智能巡检机器人，仅搭载可见光相机。若采用轮式智能巡检机器人，宜改造保护室、开关室门等基础设施，方便轮式智能巡检机器人进入。挂轨式智能巡检机器人如图 3-8 所示。

图 3-8　挂轨式智能巡检机器人

挂轨式智能巡检机器人与轮式机器人入室方案对比如表 3-2 所示。

表 3-2　　　　　　　挂轨式智能巡检机器人与轮式机器人入室方案对比

类型 参数	挂轨式智能巡检机器人	轮式机器人入室
巡检覆盖率	支持升降，巡检覆盖率高	受空间限制，巡检覆盖率较低
定位精度	沿轨道行走，定位精度高	定位精度较低
施工难度	难度较低	需要对原有房门、防小动物措施进行改造，难度较高
上楼功能	可通过升降机构实现上下楼功能	实现上下楼功能需增设升降平台、自动扶梯等附属设施，成本高，改造难度大
红外检测功能	可选配红外检测功能	具备红外检测功能
成本	单台采购价格 20 万元左右（不包括红外测温功能），轨道单价约 400 元 /m	仅需进行部分改造，成本较低
维护便利性	维护方便	维护方便

根据上述对比结果，室内设备巡检建议采用挂轨式智能巡检机器人。

（6）完善智能巡检机器人系统联动功能。

1）现状及需求。

目前多数变电站为无人值守变电站，变电站智能巡检机器人系统独立运行，与其他辅助子系统联动功能不完善；智能巡检机器人采集的数据、红外图片需人工导出后，再手动输入至 PMS 系统。

需将智能巡检机器人系统与其他辅助子系统（安防系统、消防系统等）实现联动，进行网络化管理，减少人员无效往返的次数，有利于故障、异常等紧急情况快速判断和确认，提高运检效率；需实现数据自动导入 PMS 系统功能，减少数据重复录入工作量，提高工作效率。

2）具体措施。

a）智能巡检机器人应与消防系统具备联动功能。当消防系统发出告警信号时，机器人根据告警信息自动前往火灾现场，实时上传现场图像并保存，便于运维人员远程掌握现场情况。

b）智能巡检机器人应与安防系统具备联动功能。当安防系统发出告警信号时，机器人根据告警信息自动前往相应地点，播放预设的警告语音，对非法闯入者予以威慑；实时上传现场图像并保存，便于运维人员远程掌握现场情况。

c）智能巡检机器人应与变电站监控后台具备联动功能。当发生事故跳闸、装置异常等告警时，机器人能够迅速到位，实时上传现场图像并保存，便于运维人员及时了解现场信息。

d）智能巡检机器人应与在线监测系统具备联动功能。当在线监测发生异常告警时，机器人能迅速到位，便于运维人员对现场实际数据进行核对。

e）智能巡检机器人巡检数据应能自动导入 PMS 系统。可将表计、设备红外图片等数据经人工审核后导入到 PMS 系统，减少人工介入环节，提升运维效率。

（7）提升智能巡检机器人探障能力。

1）现状及需求。

目前智能巡检机器人的探障传感器存在一定盲区，在运行过程中会出现机器人碰撞、停滞不前等现象。

需要扩大探测范围，消除探障盲区，增强智能巡检机器人运行的安全性、可靠性。

2）具体措施。

a）智能巡检机器人应增加探障传感器数量，优化传感器探测角度，消除探测盲区。

b）研究 3D 激光探障、双目视觉等先进探障技术，提高智能巡检机器人对环境的感应能力，智能巡检机器人传感器探测范围如图 3-9 所示。

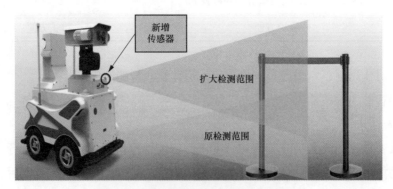

图 3-9 智能巡检机器人传感器探测范围

（8）完善智能巡检机器人红外测温、分析功能。

1）现状及需求。

目前变电站智能巡检机器人系统不支持定点红外测温任务模式，红外测温仅实现三相对比分析功能，缺少其他有效对比分析功能。

需要完善智能巡检机器人定点红外测温、分析功能。

2）具体措施。

a）应增加定点红外测温任务模式，实现定点红外测温功能。

b）应实现单个画面多个热点温度同时采集功能，提高分析效率。单一画面多个热点温度采集如图 3-10 所示。

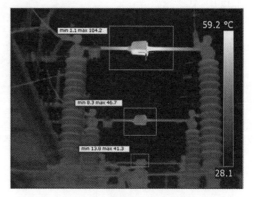

图 3-10　单一画面多个热点温度采集

c）应完善温度对比分析算法，实现针对不同发热类型、发热设备、设备不同部位的温度采集及对比分析功能。

（9）完善智能巡检机器人检修区域设置、视频保存功能。

1）现状及需求。

目前变电站设备检修时，现场布置的临时围栏阻断巡检道路，造成智能巡检机器人无法正常开展巡检。智能巡检机器人无巡检视频自动保存功能，无法调取查看机器人巡检过程。

需要完善智能巡检机器人检修区域设置功能，使智能巡检机器人避开检修区域，方便设备检修时巡检任务的正常开展；需完善巡检过程视频自动存储功能，便于对已经完成的巡检任务进行后续的分析查看、比对。

2）具体措施。

a）智能巡检机器人后台应实现检修区域设置功能。

b）应实现智能巡检机器人巡检全过程视频录制功能。

（10）提升智能巡检机器人巡检效率。

1）现状及需求。

目前智能巡检机器人巡检道路设置不尽合理、巡检行进速度慢，往返充电房及充电时间过长。

需要提高智能巡检机器人巡检效率。

2）具体措施。

a）在巡检区域较大的变电站，应合理增设充电设施，智能巡检机器人可就近选择充电装置进行充电，缩短往返充电房的时间。增设的小型充电房如图 3-11 所示。

b）宜采用快速充电技术，缩短充电时间。

c）智能巡检机器人在设计和建设阶段应考虑多重巡检道路设计，道路尽量规划为"目"字形或"田"字形，缩短巡检路径。"田"字形巡检道路如图 3-12 所示。

案例：220kV某变电站智能巡检机器人后台巡检路径设置为"口"形，在路径阻断时，系统无支撑路径重新规划的软件，造成了智能巡检机器人应用效率低。

图 3-11　增设的小型充电房

图 3-12　"田"字形巡检道路

d）智能巡检机器人应根据不同路段设置不同行进速度，对于无巡检停靠点道路采取快速行进导航方式。

（11）改进智能巡检机器人转运方式，提高转运效率。

1）现状及需求。

目前集中使用型配置的智能巡检机器人在各变电站之间转运不便。

需配置专用转运工具，提高智能巡检机器人转运效率。

2）具体措施。

a）应配置可单人操作的智能巡检机器人转运坡道。单人操作的转运坡道如图 3-13 所示。

b）宜配置智能巡检机器人电动升降平台。电动升降平台如图 3-14 所示。

图 3-13　单人操作的转运坡道

图 3-14　电动升降平台

（12）增强智能巡检机器人环境适应能力。

1）现状及需求。

目前冰雪环境下，智能巡检机器人无法正常开展户外巡检任务；寒冷天气下，充电房无环境调节设施，导致智能巡检机器人无法正常充电。

需要改变智能巡检机器人行进方式，提升冰雪环境下户外巡检能力；需改善寒冷天气下充电房内温湿度环境，以满足智能巡检机器人工作需求。

2）具体措施。

a）积雪较厚时，机器人定位精度较差，不宜开展室外例行巡检工作。

b）应根据各地天气环境，在充电房内安装空调、暖器等各类环境调节设施。

3.1.4　智能化关键技术

通过广泛调研，共提出智能化关键技术 7 项。

（1）推进变电站一体化智能监控平台建设。

1）现状及需求。

目前，变电站内辅助系统种类繁多，视频、安防、消防、环境、灯光等各辅助系统均独立运行，主要存在以下问题：

a）多系统主机并存。各辅助子系统基本保留了原有的主机，形成多个信息孤岛，无法满足变电站的集中管理、统一监控的要求。

b）远程监控信息不全。目前，仅有站端安防、消防等系统总报警信号接入调度监控系统，报警的详细信息及其他辅助系统信号均缺少有效的远程监控手段。

c）装置运行可靠性低。在线监测、辅助设施等前端装置、传感器等多为主设备厂家、辅助系统厂家二次采购，设备质量参差不齐，增加了大量额外运维工作。

d）系统间设备无法实现联动。站端监控系统、辅控系统、在线监测系统等后台独立设置，数据无共享交互，设备间无法根据相应策略实现联动。

需要建立统一的变电站一体化智能监控平台，实现变电站各系统间的监测、控制和联动，提升运维效率和设备运行可靠性。

2）具体措施。

a）一体化智能监控平台特点：

①变电站站内辅助系统全部接入Ⅲ区网络，在站内增加Ⅲ区服务器（220kV 及以上变电站冗余配置）。

②变电站增加辅助测控单元。将安防、环境监测、照明等辅助设施前端装置、传感器数据直接接入辅助测控单元，统一上传；消防、在线监测等装置通过统一规约接入辅助测控单元。

③在智能巡检机器人本体上加装安全加密芯片，通过安全接入平台微型采集装置，将智能巡检机器人采集的可见光、红外视频、红外测温等数据安全接入电力Ⅲ/Ⅳ区网络。具体接入方案如下：

方案一：站内通过安全接入平台微型装置接入内网（安全Ⅲ区）。

在变电站部署一台安全接入平台微型采集装置，将智能巡检机器人采集的数据安全接入电力Ⅲ/Ⅳ区网络，并通过标准规约横向接入站内Ⅲ区服务器。智能巡检机器人网络安全接入结构图如图 3-15 所示。

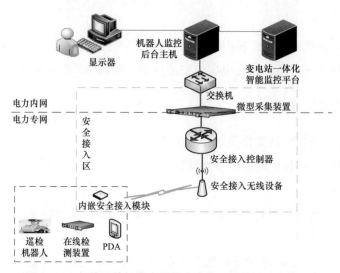

图 3-15　智能巡检机器人网络安全接入结构图（方案一）

方案二：一个运维站共用一台安全接入平台装置接入内网（安全区）。

为节约投资，结合现有专网网络资源，在运维站（运维班）部署一台安全接入平台微型采集装置，将所辖变电站智能巡检机器人采集的数据安全接入电力Ⅲ/Ⅳ区网络，并通过标准规约上送。智能巡检机器人网络安全接入结构图如图 3-16 所示。

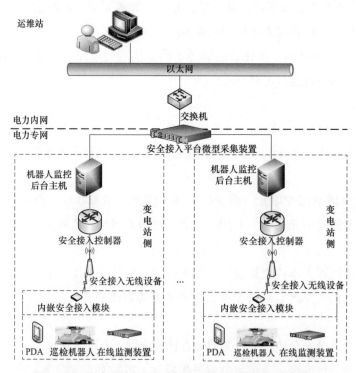

图 3-16　智能巡检机器人网络安全接入结构图（方案二）

智能巡检机器人网络安全接入的两种方案优缺点对比如表 3-3 所示。

表 3-3 智能巡检机器人网络安全接入的两种方案优缺点对比

优缺点 方案	主要优点	缺点及不足	共同点
方案一	1）组网工作量少。 2）在变电站（运维站）可与其他数据融合，实现数据高级应用（如告警联动等）	各变电站需部署一套安全接入微型采集装置，安全接入设备采购费用较高	运巡检机器人、移动 PDA 及部分在线监测装置可共用安全接入微型采集装置，但均需要改装、现场升级、测试。 新采购巡检机器人应增加安全加密芯片技术要求
方案二	安全接入设备采购费用相对较低	1）一个运维站所辖变电站采集数据量较大，经一台安全采集装置接入，对安全采集装置带宽要求较高，目前最大只支持 10M 带宽。 2）组网工作量较大。 3）站内无法实现与其他系统的联动	

④站内监控后台数据经Ⅱ区服务器、通过正向隔离装置接入Ⅲ区服务器，实现Ⅰ/Ⅱ区数据与Ⅲ/Ⅳ区数据的一体化监控。

⑤通过一体化智能监控平台实现变电站智能巡检机器人系统与安防系统、消防系统、站内监控后台、在线监测系统、PMS 系统的智能联动。

⑥可利用Ⅲ/Ⅳ区网络覆盖范围大的特点，扩展一体化平台后期功能。

b）缺点及存在的不足：①辅助系统所有数据全部接入Ⅲ区服务器，数据量大，带宽要求高。②Ⅱ/Ⅲ区正向隔离装置不稳定，存在数据丢失现象。③Ⅲ区服务器处理数据量大，性能要求高。④无法在一台工作站上实现站内主、辅设备的遥控。

3）技术成熟度及难点。技术上成熟，可以实现。但产品开发处于起步发展阶段，部分单位已探索开发。对各子系统的软硬件接口和通信规约需进行统一，各设备制造厂家需重新设计软、硬件系统。

（2）推进智能巡检机器人系统与其他系统的联动。

1）现状及需求。

目前多数变电站为无人值守变电站，变电站智能巡检机器人系统独立运行，与其他辅助子系统联动功能不完善。智能巡检机器人采集的数据、红外图片需人工导出后，再手动输入至 PMS 系统。智能巡检机器人系统应与监控后台、安防、消防、在线监测系统实现联动，进行网络化管理；实现数据自动导入 PMS 系统。

2）优缺点。

a）特点及优势：实现主设备、在线监测、辅助、视频、智能巡检机器人等系统信息共享互通。一体化监控平台对各类信息进行综合分析和研判，安防、火灾等异常情况发生时，监控平台可自动实现多系统联动。

站内辅助系统全部接入Ⅲ区网络，增加后台Ⅲ区服务器，通过一体化平台实现智能巡检机器人与消防系统、视频监控系统、安防系统、在线监测系统、PMS 系统的联动，可利用Ⅲ/Ⅳ区网络覆盖范围大的特点，扩展一体化平台后期功能各辅助系统。

b）缺点及存在的不足：辅助子系统间联动需借助一体化智能监控平台实现，但产品开发处于起步发展阶段，对Ⅲ区服务器数据处理能力要求较高。

3）技术成熟度及难点。

技术上成熟，可以实现。但产品开发处于起步发展阶段，各设备制造厂家需重新设计软件系统，配置、调试联动逻辑。

（3）深化应用变电设备外观识别技术。

1）现状及需求。

构架避雷针倾斜、各类箱门开闭状态、呼吸器变色、注油类设备渗漏等外观异常，仍需要人工巡检，工作量大。

需深化智能巡检机器人对变电设备外观识别技术的应用，提升巡检工作效率，减少运维人员工作量。

2）优缺点。

a）特点及优势：智能巡检机器人实现构架避雷针倾斜、各类箱门开闭状态、呼吸器变色、注油类设备渗漏等外观智能识别功能，可实时报警，提醒运维人员及时处理。同时将现场图片进行记录及上传，做到数据可追溯。

b）缺点及存在的不足：目前智能巡检机器人对设备外观智能识别率不高，存在误报，需进一步完善软件算法。

3）技术成熟度及难点。

目前智能巡检机器人对各类箱门开闭状态、呼吸器变色的识别技术较成熟，识别准确率较高；但对构架避雷针倾斜、注油类设备渗漏等外观识别存在以下技术难点：

a）对倾斜角度较小的构架避雷器不能准确识别。

b）对颜色变化不鲜明的呼吸器硅胶识别率较低。

c）对面积太小的油污不能准确识别，油污面积需大于 $314cm^2$（半径 10cm）。

d）对存在光照形成阴影的油污地面，无法准确识别。

e）对雨雪天气的地面油污无法准确识别。

f）对草地、鹅卵石等非硬化路面上的油污无法准确识别。

（4）开展巡检机器人无线充电技术应用研究。

1）现状及需求。

目前无轨导航机器人在特定情况下，会因定位不准确造成无法正常充电，从而导致机器人不能正常进行任务巡检。

需要在充电室内研究增设无线充电装置，作为现有充电方式的有效补充。

2）优缺点。

a）特点及优势：无线充电和有线充电方式的对比如表 3-4 所示。

表 3-4　　　　　　　　　无线充电和有线充电方式的对比

方式 参数	无线充电	有线充电
充电效率	距离在 12cm 情况下充电效率可达到 80%，效率较低	充电效率在 90% 以上，效率高
自主充电	可人工或自主化充电，对位精度要求不高	可人工充电或在较高的对位精度下自主充电
成本	成本高	成本较低
防护	需要额外防护（防水、金属异物检测等）	不需要额外防护
物理损坏	无插头、无磨损	频繁接触导致插头有磨损
环境影响	恶劣环境（如潮湿、污染等）下基本无影响	恶劣环境下易产生接触危险
危险性	无接触式安全隐患	有接触式安全隐患（发热等）
空间使用	可埋地下，节省空间	需要场地安装充电设施

b）缺点及存在的不足：①发射线圈表面落有金属异物时，会影响充电。②线圈的漏磁会对金属部位产生温升，需做好防护。

3）技术成熟度及难点。

无线充电方式在消费类电子及电动汽车方面已取得较大应用，技术可行。

难点在于无线充电系统与机器人系统的融合，以及微小金属异物检测。

（5）推进智能巡检机器人导航方式发展。

1）现状及需求。

目前变电站智能巡检机器人的导航方式主要采用 2D 激光导航和磁导航。

需要推进导航方式的发展，提升导航定位能力，减少定位偏差带来的各类问题。

2）优缺点。

a）特点及优势：各种导航方式优缺点比较如表 3-5 所示，从导航相关参数、可靠性、适应性角度来说，现有的 2D、3D 激光导航和磁导航各有优缺点，都满足变电站现场应用的需求。

表 3-5　　　　　　　　　各种导航方式优缺点比较

导航方式	3D 激光导航	双目视觉融合 2D 激光导航	2D 激光导航	磁导航
导航设备	3D 激光扫描仪	双目摄像机 +2D 激光扫描仪	激光扫描仪	磁传感器 + 磁条 +RFID 标签

续表

导航方式	3D 激光导航	双目视觉融合 2D 激光导航	2D 激光导航	磁导航
导航精度	±2.4cm（激光扫描仪精度）	±2.4cm（激光扫描仪精度）；±5cm（5m 范围，双目视觉精度）	±2.4cm（激光扫描仪精度）	±1cm
重复定位精度	±1cm	±1cm	±1cm	±1cm
路径规划灵活性	与 2D 激光导航相同	与 2D 激光导航相同	高	比 2D 激光导航低
导航可靠性	比 2D 激光导航高	比 2D 激光导航高（夜间导航可靠性与 2D 激光相同）	低（天气等外界原因）	比 2D 激光导航高
抗干扰能力	比 2D 激光导航高	比 2D 激光导航高	一般	比 2D 激光导航高
技术难度	比 2D 激光导航高	比 2D 激光导航高	高	比 2D 激光导航低
技术成熟度	比 2D 激光导航低	比 2D 激光导航低	高	与 2D 激光导航相同
导航部件相关成本	定制价格约 30 万元，量产后价格可下降（包含 3D 激光雷达及相应配套硬件）	约 7.5 万元（包含 2D 激光雷达、双目摄像机及相应配套硬件）	约 7 万元（包含激光雷达及相应配套硬件）	约 15 万元（常规 500kV 变电站，主要是磁条、RFID 标签及施工费，占比 90% 以上）
年维护成本	约 0.5 万元	约 0.5 万元	约 0.5 万元	约 2 万元（含土建施工费用）

b）缺点及存在的不足：磁导航机器人导航部件成本偏高，在室外导轨失磁情况较多，故障率较高，土建施工、维护工作量大。

2D 激光导航机器人的应用范围相对小，使用时间较短，其稳定性、可靠性需要进一步验证。

目前智能巡检机器人 3D 激光导航技术处于研发测试阶段。智能巡检机器人双目视觉融合 2D 激光导航技术处于研发阶段，距离实用化还有一定差距。

3）技术成熟度及难点。

a）现阶段 2D 激光导航与磁导航两种导航方式技术成熟度高，无技术难度。

b）3D 激光定位计算量大，机器人机载电脑内存、CPU 消耗高，目前技术成熟度不高。

c）双目视觉融合 2D 激光导航技术处于研发阶段，两者结合配合存在技术难度。

（6）推进智能巡检机器人模块化、小型化发展。

1）现状及需求。

目前，变电站智能巡检机器人生产厂家较多，同一厂家同一产品型号较多，每个厂家生产的智能巡检机器人搭载的模块大小、功能不统一，导致智能巡检机器人模块升级、更换不方便。智能巡检机器人体积较大，导致变电站部分区域无法进入巡检，集中使用的机器人转运不便。在不影响性能的前提下，智能巡检机器人部件需采用模块化、小型化设计，便于日常使用、维护和更换。

2）优缺点。

a）特点及优势：通过智能巡检机器人零部件模块化设计，实现检测探头（如可见光视频、红外测温、紫外电晕检测、SF_6 气体检漏等）即插即用、仪器灵活配置的功能，提高了智能巡检机器人运维、检修的便利性及功能扩展性。

通过智能巡检机器人小型化，可提高智能巡检机器人适用范围和转运便利性。小型机器人如图 3-17 所示。

b）缺点及存在的不足：①小型化机器人向上视角有限，对高电压等级设备巡检存在死角。②变电站智能巡检机器人实现模块化功能需要重新设计和研发。

3）技术成熟度及难点。

技术成熟，无难点。

（7）开展智能巡检机器人功能拓展研究。

1）现状及需求。

目前，智能巡检机器人主要进行红外测温、表计识别、设备外观查看等工作，无法开展开关柜局部放电检测、紫外 SF_6 检漏、紫外检测电晕、信号复归等运维工作。需要开展智能巡检机器人功能拓展研究，提高运维效率。

2）优缺点及效益对比。

a）特点及优势：智能巡检机器人搭载暂态地电波、超声波局部放电仪，实现开关柜局部放电检测功能；搭载紫外 SF_6 气体检漏仪，实现 SF_6 气体检漏功能；搭载紫外相机，实现对设备放电、电晕检测功能；搭载机械手，实现继电保护设备信号复归、连接片投退功能；提高智能巡检机器人的适用性及巡检效率，大幅提升运维工作的便利性。搭载紫外相机的巡检机器人如图 3-18 所示。

b）缺点及存在的不足：搭载暂态地电波、超声波局部放电仪、紫外 SF_6 检漏仪功能部件的智能巡检机器人需要重新设计和研发。

3）技术成熟度及难点。

a）智能巡检机器人搭载紫外相机技术成熟，无技术难点。

b）暂态地电波、超声波局部放电仪、紫外 SF_6 气体检漏仪技术成熟，与机器人的融合目前仍处于研发阶段，应用效果有待评估。

c）智能巡检机器人搭载机械手技术仍不成熟，需进一步突破。

图3-17 小型机器人

图3-18 搭载紫外相机的巡检
机器人

3.2 安防系统

3.2.1 设备简述

变电站安防系统是以维护变电站安全为目的，综合运用安全防范技术和其他科学技术，具有防入侵、防盗窃、防抢劫、防破坏等功能的系统，通常也称为变电站技防工程。主要包括门禁控制系统和防入侵系统两部分。

（1）门禁控制系统。门禁控制系统是指利用自定义符识别技术（门禁卡、密码、密匙）和模式识别技术（指纹、面部识别）对出入口人员进行识别，并控制出入口执行机构启闭的电子系统或网络。主要实现对进出变电站大门及保护小室门的人（或物）实施放行、拒绝、记录等操作的智能化管理。其系统由读识设备、门禁锁、系统主机等部分组成。读识设备多采用识别门禁卡和密码的方式，门禁锁多采用电磁锁。现有门禁系统结构示意图如图3-19所示。

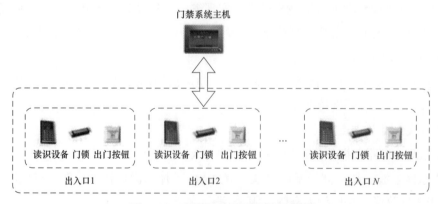

图3-19 现有门禁系统结构示意图

（2）防入侵系统。防入侵系统是指利用传感器技术和电子信息技术探测并指示非法进入或试图非法进入设防区域行为、处理报警信息、发出报警信息的电子系统或网络。系统主要实时反映探测器的布设防、报警等状态并对防区状态进行实时监控，由电子围栏、红外对射和红外双鉴等组成。防入侵系统结构示意图如图 3-20 所示。

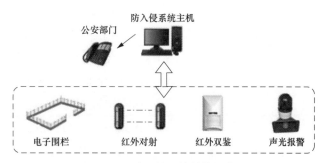

图 3-20　防入侵系统结构示意图

3.2.2　主要问题分类

通过广泛调研，共提出主要问题 8 大类、28 小类。安防系统问题分类如表 3-6 所示，主要问题占比如图 3-21 所示。

表 3-6　　　　　　　　　　　安防系统问题分类

问题分类	占比（%）	问题细分	占比（%）
硬件设备故障频发	42.3	门禁系统控制器故障	10.6
		防入侵系统红外（激光）探测器倾斜	7.6
		门禁系统电控锁故障	6.1
		防入侵系统红外（激光）探测器故障	4.5
		门禁系统密码失效	3.0
		门禁系统大门电机故障	3.0
		防入侵系统声光报警装置故障	3.0
		防入侵系统脉冲电子围栏断裂	3.0
		门禁系统门禁卡失磁或失效	1.5
告警信息不全或误报频发	18.0	无失电告警信息	4.5
		防入侵系统红外对射探测器误报	4.5
		防入侵系统脉冲电子围栏误报	4.5
		站端告警信息不全	1.5
		不具备告警信息远传功能	1.5
		告警信息无统一规范	1.5

续表

问题分类	占比（%）	问题细分	占比（%）
联动功能不完善	12.2	不能和视频系统联动	6.1
		不能和灯光智能控制系统联动	6.1
站端软件监控功能不完善	9.1	不具备实时监测功能	4.5
		门禁系统进出站信息无法自动记录	3.0
		门禁系统人员权限配置不合理	1.6
实体防护不完善	6.0	大门无防小动物措施，高度不足	3.0
		玻璃门窗无实体防护网	3.0
电源不可靠	6.2	门禁系统未接入 UPS 系统	3.0
		未设计专用电源	1.6
		单电源供电	1.6
防区分布不合理	3.0	防入侵系统防区分布不合理	3.0
无安防系统	3.2	无门禁系统	1.6
		无防入侵系统	1.6

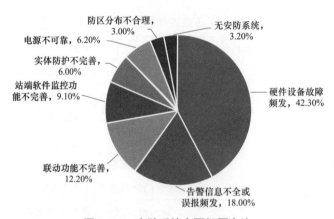

图 3-21　安防系统主要问题占比

3.2.3　可靠性提升措施

（1）实现安防系统信息集中监控。

1）现状及需求。

目前变电站安防系统设置独立主机，安防系统信息及其他辅助系统信息没有统一监控平台，采集的数据没有明确的上传目标和规范，无法集中监控，无法实现各辅助系统间联动。

需要建立统一的变电站一体化智能监控平台，实现变电站安防等辅助系统的监测、控制和联动，提升运维效率和设备运行可靠性。

2）具体措施。

a）建设变电站一体化智能监控平台，将安防系统纳入一体化智能监控平台统一管理。安防系统结构图如图 3-22 所示。

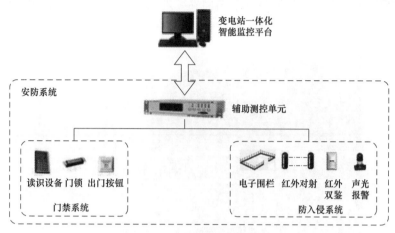

图 3-22　安防系统结构图

b）门禁和防入侵等辅助系统的门锁、出门按钮等前端装置、传感器数据通过开入或开出直接接入辅助测控单元 I/O 板，读识设备通过通信接入辅助测控单元的通信板卡，统一上传至一体化智能监控平台。

c）辅助测控单元支持 IEC 61850 规约，上传至变电站一体化智能监控平台。

（2）提升硬件设备可用率。

1）现状及需求。

安防系统户外设备的选型不满足运行环境的防尘、防雨、防腐、防曝晒等要求，造成安防系统设备故障率偏高。

需提前考虑安防设备实际运行环境，在可研及设计阶段明确设备的设计要求和技术参数。

案例 1：2016 年 8 月，某换流站极 II 户内直流场南侧大门门禁装置掉线，经现场检查，发现由于该换流站地处戈壁沙漠地区，日照充足，装置易造成高温曝晒而死机，无法对该大门进行开闭。某换流站室外门禁装置如图 3-23 所示。

案例 2：2016 年 5 月，110kV 某变电站 2 条 110kV 线路间隔检修，施工人员到达现场后发现由于门禁控制器死机造成变电站大门无法打开。

案例 3：2016 年 5 月，110kV 某变电站，运维人员进行鸣凰变电站的巡视工作时发现主控门控制器死

图 3-23　某换流站室外门禁装置

机，刷卡无法进入主控室。

案例4：2016年6月26日，运维人员前往220kV某变电站工作，在大门口发现电动钥匙无法打开大门。

案例5：2014年5月，220kV某变电站周界红外报警装置安装完成。由于春季风大，造成红外探头被大风刮落，发生周界报警装置误发告警信号，如图3-24所示。

图3-24　红外探头被风刮落

案例6：330kV某变电站脉冲电子围网系统投运时间过长，变电站电子围网出现支撑杆脱落，线缆断掉的现象，如图3-25所示。

图3-25　变电站电子围栏脱落

2）具体措施。

a）安防系统室外设备（门禁控制器、红外对射装置、声光报警器等）应满足IP55防护等级要求，箱体的防尘、防水等级不低于IP55防护等级；户外装置的选型应充分考虑设备运行环境，装置采用防高温、防晒材料或加装遮阳板；高寒地区要求采用耐低温材料；重污染地区采用不锈钢等防腐材料或防腐处理，安装辅助材料（例如螺栓）采用不锈钢等防腐材料或防腐处理。

b）门禁控制器应具备自检和复位功能，出现异常死机情况时，系统能进行自检复位。

c）门禁控制器需采用三级防雷设计，提高设备的防浪涌、抗静电能力。

d）门禁系统应配置紧急开锁功能，如远程切断电磁锁电源、机械钥匙切断电磁锁电源等功能。

e）变电站的电动大门上预留小门，若电动大门断电，可从小门开锁进入。

f）防入侵系统在设计时，应根据变电站所在区域的污区分布、风力情况，确定户外安防装置（电子围栏、红外对射）的支架、导线的材质和规格等。支架现场安装方式要求采用三角固定、双骨架固定、加强支撑杆等方式提高支架强度。

（3）提升告警信息处置效率。

1）现状及需求。

大部分无人值守变电站只将安防告警总信号接入调度监控系统，运维人员接监控人员通知后，需到现场确认具体告警信息，且防入侵系统误告警的情况较为普遍。需细化、规范安防系统的告警信息，接入一体化智能监控平台，能在远方确认复归安防系统告警信号。

案例：2016 年 10 月，运维人员到 110kV 某变电站现场检查设备，发现防入侵主机工作电源故障，空气开关跳闸造成失电，因装置无失电报警信号，造成该故障无法及时发现、处理。110kV 变电站防入侵装置失电图如图 3-26 所示，防入侵装置正常运行图如图 3-27 所示。

2）具体措施。

a）参照变电站一、二次设备典型信息表，制订变电站安防系统信息点表，将告警信息全部接入一体化智能监控平台，便于远程监控。

门禁控制系统必须上传（但不局限于）以下信息，如表 3-7 所示。

图 3-26　110kV 变电站防入侵装置失电图

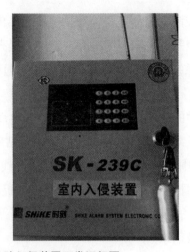

图 3-27　110kV 变电站防入侵装置正常运行图

表 3-7　　　　　　　　　　　　　门禁控制系统上传信息

设备类型	设备状态 / 测量值	备注
门状态	开 / 闭	门命名应指明实际位置
门禁控制器工作状态	正常 / 故障	
门禁控制器电源状态	正常 / 失电	
×× (姓名)	进	
×× (姓名)	遥开	
变电站大门电机电源	正常 / 失电	
测控工作状态	正常 / 故障	
测控电源状态	正常 / 失电	
测控通信状态	正常 / 中断	
测控 / 门 / 电机	其他未定义故障	

防入侵系统必须上传(但不局限于)以下信息,如表 3-8 所示。

表 3-8　　　　　　　　　　　　　防入侵系统上传信息

设备类型	设备状态 / 测量值	备注
防区工作状态	布防 / 撤防	防区命名应指明实际位置
防区报警状态	正常 / 报警	
防区故障状态	正常 / 故障	
防区电源状态	正常 / 失电	
测控工作状态	正常 / 故障	
测控电源状态	正常 / 失电	
测控通信状态	正常 / 中断	
测控 / 防区	其他未定义故障	

b）有条件的变电站可将安防报警与公安 110 系统联网。

c）利用视频系统对告警信息进行判别，若确认误报后可进行远方消音，装置再次告警时应能够正常报警。

（4）优化安防系统选型。

1）现状及需求。

目前部分变电站围墙防入侵装置选用红外对射或张力式电子围栏，红外对射装置误报率较高，张力式电子围栏因结构复杂，除误报率较高外，后期维护量较大。防入侵系统设备应从设备选型方面解决装置的误报和后期维护量大的问题。

案例：部分 110kV 变电站因设计规划原因，仅配备红外对射报警系统，无法对不法分子进行有效的防御，且该系统经常误报，增加了运维人员的工作量，变电站围墙脉冲电网、红外对射报警装置如图 3-28 所示。

(a) 变电站围墙脉冲电网　　　　　　　　(b) 变电站围墙红外对射报警装置

图 3-28　变电站围墙脉冲电网、红外对射报警装置

2）具体措施。

a）变电站外围墙墙体周界防入侵装置宜选用电子围栏，不宜采用红外对射，减少误报，红外对射与电子围栏的对比如表 3-9 所示。

表 3-9　　　　　　　　　　　　红外对射与电子围栏对比

对比项	红外对射	电子围栏
安装要求	对安装环境要求较高，施工比较复杂费时	安装简单，对安装环境和条件要求不高
防护效果	效果不好，用反射或躲避方式很容易进入	先围栏威慑、阻挡，后报警的双重防护功能
维护费用	维护费用比较高	比红外对射维修和维护相对简单方便
可靠性	主动红外探测误报较高，受树木、小动物、雨水等外界环境影响较大，经常误报，往往给值守人员造成麻痹思想或厌烦情绪	误报低，受环境和小动物影响小

b）变电站外围墙墙体电子围栏宜使用脉冲电子围栏，不宜采用张力电子围栏，减少误报和维护量，脉冲电子围栏与张力电子围栏对比如表3-10所示。

表 3-10　　　　　　　　　脉冲电子围栏与张力电子围栏对比

对比项目	脉冲电子围栏	张力式电子围栏
报警原理对比	脉冲电子围栏是通过脉冲主机对前端合金线的脉冲电压状态监测来进行报警，在具有普通围墙的阻挡作用的基础上，增加报警功能，误报率极低，同时又具有威慑入侵者的作用，具有物理屏障、主动反击、延迟入侵、准确报警、安全防护等特性	张力式电子围栏是一种防止人体翻越障碍物和感知攀爬、拉压、剪断障碍物企图入侵的机电装置的集合体
设备材料造价对比	按照100m一防区和4线制数进行测算，每米造价50元左右	需要40m左右设置一个防区，四线制每米造价60元左右
安装调试情况对比	安装布线方式较为简单	对各种固定杆件要求比较高，张力式控制杆以及终端杆、过线杆需要固定牢固，如果墙体及安装位置不牢固容易产生大量误报警
使用安全性对比	脉冲电子围栏合金线上有高压脉冲电流，人触碰之后会误认为是高压电网，有较强威慑性。通常的脉冲电子围栏有高、低压两种模式可选	前端不锈钢丝上没有任何电流，使用绝对安全
后期维护量对比	维护量比较小，只需要定期清理周围杂草及附着物，对合金线松紧进行调节	维护量整体较大，如果墙体及安装位置不稳固需要大量维护工作
实际使用案例情况对比	大量使用在变电站、军事单位、学校、居民区等	较多使用在学校、幼儿园、小区等，在军事单位、保密单位等项目使用比较少

（5）完善安防系统联动功能。

1）现状及需求。

目前多数变电站为无人值守变电站，但变电站安防系统智能化水平不高，信息管理及监控模式落后，安防系统独立运行，与其他辅助子系统联动功能不完善。需将安防系统与辅助子系统（视频系统、灯光智能控制系统）实现联动，进行网络化管理。通过安防和其他系统之间的联动，方便监视站区情况、应急处理突发事件，缩小事故影响，提高运检效率。

案例：部分220kV变电站，虽然安装了视频监控、电子围栏等子系统。但目前各子系统均独立运行，缺乏系统之间的信息交互。视频监控及电子围栏子系统独立运行，在防区报警时，视频监控不能直接联动到报警区域，无法及时发现入侵事件。

2）具体措施。

a）门禁控制系统应与安防报警装置具备联动控制功能。当门禁控制系统发现人员闯入后，应联动安防报警装置进行报警，同时监控后台门禁地理位置界面自动弹出显示。

b）安防系统应与视频系统具备联动控制功能。安防系统报警时联动视频监控对入侵点进行抓拍并向监控发出报警信号，抓拍录像实时存储在服务器上。

c）安防系统与灯光智能控制系统应具备区域联动功能。安防系统报警动作后，告警信息以防区位置进行上传，并自动启动现场照明系统，工作人员可通过现场联动视频监控信息进行确认，检查是否确有外来人员或物闯入变电站的现象。

d）安防系统应与变电站智能巡检机器人具备联动功能。安防系统报警时联动巡检机器人前往入侵点进行抓拍并发出报警信号，抓拍录像实时存储在服务器上。

（6）完善安防系统实体防护。

1）现状及需求。

目前，多数变电站建筑物一楼门窗未加装防盗措施，大门无防小动物措施，高度不足，不满足规定要求。

需要门窗加装防盗措施，大门应采用全封闭式电动门。

案例 1：部分 110kV 变电站建筑物门窗采用玻璃门窗，不符合安防规定的要求，使运维人员的安全得不到保障，如图 3-29 所示。

案例 2：500kV 某变电站自动伸缩大门为普通伸缩门。高度为 1m 多，外来人员可随意攀爬进入变电站内，对变电站安防系统产生威胁，如图 3-30 所示。

图 3-29　变电站主控室玻璃门

图 3-30　变电站自动伸缩大门为普通伸缩门

2）具体措施。

a）进入室内的防盗门安全级别不低于国家《防盗安全门通用技术条件》C 级安全级别，防盗门统一向外开启。防盗窗采用不小于 12mm 的膨胀螺钉固定，安装应牢固可靠，从外侧不能拆卸。

b）变电站大门宜采用全封闭式电动门，高度不低于 2.2m。电动门配置小门，门栓、锁具应在门内侧。

c）围墙宜采用实体围墙，高度不低于 2.5m。

（7）完善安防系统功能。

1）现状及需求。

门禁系统站端软件监控功能不完善，人员进入变电站无法有效监控、记录，人员权限配置不合理。

需要门禁系统实时监控变电站内所有门的开闭状态并能够自动准确记录出入人员信息，安防系统远方操作功能应进一步完善。

2）具体措施。

a）一体化智能监控平台界面应按照地理位置图形化显示各防区和布点，实时显示各防区或布点状态，实现操作、故障、异常的可视化，报警信息应指明具体位置。

b）通过视频等方式确认安防系统装置发出误报警时，确认误报后进行远方消音。

c）安防系统监控界面应具备防入侵系统一键设防、一键撤防功能。

d）门禁控制系统应同时具有唯一身份识别功能，门禁系统可根据唯一身份信息记录人员出入情况，并上送监控平台。

e）门禁控制识别标识（门禁卡或密码）应具备人员分级、分类权限限制及远方授权功能。具备权限的人员可实现监控平台登录，对权限内变电站门进行开启，并对开锁行为进行记录、上传。

f）门禁系统能够远方开启和关闭站内门。

g）防入侵系统动作后应能够远方语音或本地录音扩音告警，对入侵人员进行威慑。

（8）优化防入侵系统防区设置。

1）现状及需求。

目前，变电站在运的安防主机每台设置 8 个防区，防入侵系统单个防区范围过大，当发生报警时，不能准确定位入侵位置。

需优化防入侵系统防区设置。

2）具体措施。

a）合理设置防区范围，防区直线段布置，宜 50 ～ 100m 设置一个防区。

b）与安防系统配合的视频系统摄像头应具备周界报警功能，并沿站区围墙布置足够数量的摄像头，满足全覆盖要求。

c）防区命名应按照现场实际规范，便于报警时快速确认。

（9）提升安防系统电源可靠性。

1）现状及需求。

部分安防系统未设计专用供电电源，采用就近取电方式，或采用单电源供电，在站内交流失电的状态下安防系统无法正常工作，导致门禁系统失效无法正常开门，防入侵系统无法有效预警。

需为安防系统设计专用电源，提升供电可靠性。

案例：750kV 某变电站门禁系统的电源未采用 UPS 供电，当全站交流失压时，导致门禁系统失去作用。

2）具体措施。

a）变电站的门禁系统采用 UPS 供电，当站内低压交流电源失去时，可带变电站门禁系统运行一定时间，确保人员可正常进出变电站处理事故。

b）220kV 及以上变电站，设立辅助系统专用交流馈线屏，该馈线屏设两路交流电源且取自不同母线，安装自动切换装置。需两路电源供电的辅助系统直接从馈线屏上取两路电源，需单路电源供电的辅助系统取馈线屏切换后的电源，各出线馈路均应安装过电压防护措施。

c）防入侵系统电源应取自辅助系统专用交流馈线屏。

3.2.4　智能化关键技术

通过广泛调研，提出 4 项智能化关键技术。

（1）推进变电站一体化智能监控平台。

1）现状及需求。

目前，变电站内辅助系统种类繁多，视频、安防、消防、环境、灯光等各辅助系统均独立运行。

需要建立统一的变电站一体化智能监控平台，实现变电站各系统间的监测、控制和联动，提升运维效率和设备运行可靠性。

2）优缺点。

a）特点及优势：变电站增加辅助测控单元。将安防设施前端装置、传感器数据直接接入辅助测控单元，统一上传。

b）缺点及存在的不足：①辅助系统所有数据全部接入Ⅲ区服务器，数据量大，带宽要求高。②Ⅱ/Ⅲ区正向隔离装置不稳定，存在数据丢失现象。③Ⅲ区服务器处理数据量大，性能要求高。

3）技术成熟度及难点。

技术上成熟，可以实现。但产品开发处于起步发展阶段，部分单位已探索开发。对各子系统的软硬件接口和通信规约需进行统一，各设备制造厂家需重新设计软、硬件系统。

（2）推动辅助测控单元研发。

1）现状及需求。

现有的门禁控制系统、防入侵系统、消防系统、灯光智能控制系统均设置有独立主机，各主机通过通信上送信息。通信规约不统一，通信不稳定，故障率高，数据无法实现交互、共享。

需要取消安防等辅助系统主机，统一接入辅助测控单元。

2）优缺点。

a）特点及优势：①架构扁平化。参照变电站二次系统测控单元设计理念，取消安防等辅助系统主机，采取"直采直控"的方式，统一上传，减少信息传递和接口层级。②监控信息全采集。实现辅助系统监控信息、异常报警、设备状态等信息采集，并通过同一个界面集中展现。

b）缺点及存在的不足：采取"直采直控"的方式，将数据直接上送，数据采集模块多，对硬件要求较高，目前无成熟产品。

3）技术成熟度及难点。

技术上成熟，可以实现。但产品开发处于起步发展阶段，部分单位已探索开发。对各子系统的软硬件接口需进行统一，各设备制造厂家需重新设计安防等各辅助系统前端采集装置。

（3）完善安防系统联动功能。

1）现状及需求。

变电站安防系统智能化水平不高，信息管理及监控模式落后，辅助子系统独立运行，与其他辅助子系统联动功能不完善。

需将安防等各辅助子系统接入一体化智能监控平台，实现子系统之间的联动功能。

2）优缺点。

a）特点及优势：实现主设备、在线监测、辅助、视频、智能巡检机器人等系统信息共享互通，一体化监控平台对各类信息进行综合分析和研判，安防、火灾等异常情况发生时，监控平台可自动实现多系统联动。

站内辅助系统全部接入Ⅲ区网络，增加后台Ⅲ区服务器，通过一体化平台实现消防系统与门禁系统、视频监控系统、安防系统联动，可利用Ⅲ／Ⅳ区网络覆盖范围大的特点，一体化平台扩展后期功能各辅助系统。

b）缺点及存在的不足：辅助子系统间联动需借助一体化智能监控平台实现，但产品开发处于起步发展阶段，对Ⅲ区服务器数据处理能力要求较高。

3）技术成熟度及难点。

技术上成熟，可以实现。但产品开发处于起步发展阶段，各设备制造厂家需重新设计软件系统，配置、调试联动逻辑。

（4）推广智能一匙通应用。

1）现状及需求。

目前变电站日常工作涉及大量的非"五防"类钥匙，如端子箱、汇控柜、爬梯门以及保护测控屏柜等钥匙，钥匙数量庞大且种类繁多，使用时对应钥匙不易查找，大大降低了工作效率；开锁过程没有信息记录，难于管理和追溯，给变电运维管理带来较大安全风险。

需要采用智能一匙通管理模式，通过钥匙授权实现一把钥匙打开全站非"五防"类锁具，提升运维工作便利性。

智能一匙通管理系统由主机、适配器、钥匙、锁具等组成，实现管辖区域内各种端子箱、汇控柜、爬梯门、保护测控屏柜门用一把钥匙开锁。智能一匙通管理系统示意图如图 3-31 所示。

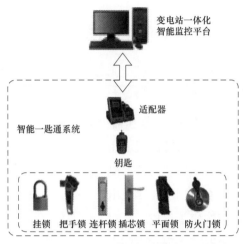

图 3-31　智能一匙通管理系统示意图

主机实现人员权限控制、开锁信息查询和统计功能。采用一体化智能监控平台后，主机功能由一体化平台实现。

适配器由传输处理模块、钥匙接口模块、电源模块等组成。适配器实现与一体化平台和钥匙的通信功能。适配器采用 IEC 61850 通信协议接入变电站一体化智能监控平台。

钥匙由开锁机构模块、通信 / 电源模块、中心处理 / 存储模块和输入输出模块等组成。钥匙可实现与适配器通信、接受授权信息、识别锁具编码、开锁并生成记录、回传开锁记录的功能。

锁具由编码片、锁芯和配套的锁体组成，编码片具有唯一性。

2）优缺点。

a）特点及优势：①通过授权实现一把钥匙开全站非"五防"类锁具。大大减少了现场钥匙的数量，降低钥匙管理的烦琐程度，提高了人员工作效率。②细化人员权限，规范开锁范围。系统按照工作人员角色进行权限分级，将人员权限与设备锁具建立对应关系，人员按照工作范围和时间开启相应锁具，减少了误开设备门锁造成的安全隐患。③开锁记录信息化。系统通过自动记录开锁过程的时间、设备、人员信息，取代了原有手工记录，便于后期的数据查询、追溯、统计和分析。

b）缺点及存在的不足：①部分箱柜锁具由制造厂家原配，与钥匙无法匹配，需现场重新更换。②现有智能一匙通系统为离线系统，钥匙不具备实时状态回传功能。钥匙开锁数据由于站内没有无线传输网络支持，每次开锁完成后只能放回适配器才能上传开锁信息，锁具状态不能实时回传。

3）技术成熟度及难点。

需要开展适配器与变电站一体化智能监控平台间 IEC 61850 通信协议建模和调试，其他技术成熟。

3.3 消防系统

3.3.1 设备简述

变电站消防系统包括消防报警系统和变压器灭火系统。

（1）消防报警系统。消防报警系统由报警主机、烟感探测器、温感探测器、烟温复合式探测器、可燃气体探测器、红外对射探测器、感温电缆、信号输入模块、手动报警按钮等组成。针对不同保护区域设置不同的探测器，实现对不同类型的火灾探测和报警功能。消防报警系统能够在火灾初期，将燃烧产生的烟雾、热量和光辐射等物理量，通过感温、感烟和感光等火灾探测器变成电信号，传输到火灾报警控制器，并同时显示

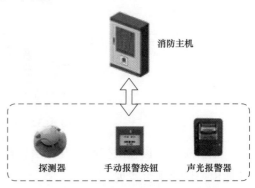

图 3-32 变电站消防报警系统示意图

出火灾发生的部位，记录火灾发生的时间。变电站消防报警系统示意图如图 3-32 所示。

（2）变压器灭火系统。变压器灭火系统一般采用排油注氮、水喷淋、泡沫喷淋三种灭火方式。

1）排油注氮灭火系统。变压器排油注氮灭火系统主要由消防柜（排油及充氮重锤机构，氮气瓶、氮气减压阀、加热器等）、控制柜、火灾探测器、断流阀、排油阀、排油管道和注氮管道组成。

排油注氮灭火系统的动作原理：当变压器内部发生故障，油箱内部产生大量可燃气体，引起气体继电器动作，发出重瓦斯信号，断路器跳闸。变压器内部故障同时导致油温升高，布置在变压器上的温感火灾探测器动作，向消防控制柜发出火警信号。消防控制柜收到火警信号、重瓦斯信号、断路器跳闸信号后，启动排油注氮灭火系统，排油泄压，防止变压器爆炸。同时，储油柜下面的断流阀自动关闭，切断储油柜向变压器油箱供油，变压器油箱油位降低。一定延时后（一般为 3～20s），氮气释放阀开启，氮气通过注氮管从变压器箱体底部注入，搅拌冷却变压器油并隔离空气，达到灭火的目的。变压器排油注氮灭火系统示意图如图 3-33 所示。

2）水喷淋灭火系统。水喷淋灭火系统主要由水源、供水设备、供水管道、雨淋阀组、过滤器、水雾喷头、感温探测器及控制设备组成。

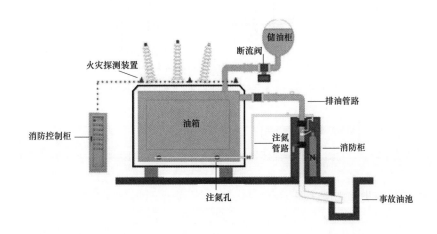

图 3-33　变压器排油注氮灭火系统示意图

水喷淋灭火系统的动作原理：当变压器上一个火灾探测器动作时，声光发出报警；两个不同的火灾探测器动作，且第三方（跳闸）信号确认后打开雨淋阀，启动水喷淋灭火系统。变压器水喷淋灭火系统示意图如图 3-34 所示。

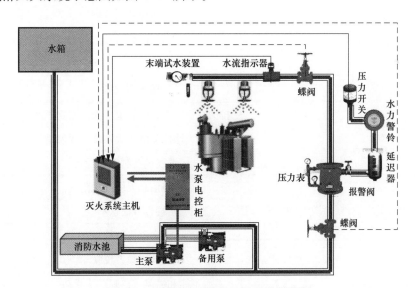

图 3-34　变压器水喷淋灭火系统示意图

3）泡沫喷淋灭火系统。泡沫喷淋灭火系统是由储液罐、合成泡沫灭火剂、启动装置、氮气驱动装置、电磁控制阀、喷头、管网、感温探测器及控制设备组成。

泡沫喷淋灭火系统动作原理：当变压器上一个火灾探测器动作时，声光发出报警。两个不同的火灾探测器动作，且第三方（跳闸）信号确认后打开高压氮气启动阀，氮气即输送到储液罐。当罐内压力升高到工作压力时，储液罐出口电磁阀打开，灭火剂即经过管道和喷头喷向变压器。变压器泡沫喷淋灭火系统示意图如图 3-35 所示。

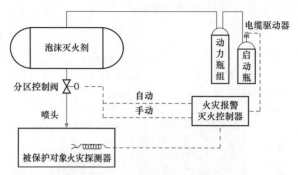

图 3-35 变压器泡沫喷淋灭火系统示意图

3.3.2 主要问题分类

通过广泛调研，共提出主要问题 7 大类、20 小类。消防系统主要问题分类如表 3-11 所示，消防系统主要问题占比如图 3-36 所示。

表 3-11   消防系统主要问题分类

问题分类	占比（%）	问题细分	占比（%）
探测器布点、选型不合理	25.0	安装位置不合理	15.0
		存在监控盲区	6.7
		探测器选型不当	3.3
硬件设备不可靠	21.7	探测器故障	11.7
		排油注氮灭火系统管道、阀门密封不严	5.0
		水喷淋、泡沫喷淋灭火系统无保温措施	3.3
		感温线缆控制模块受潮	1.7
告警信息不全	20.0	告警信息无统一规范	10.0
		站端告警信息不全	5.0
		无失电告警信号	5.0
联动功能不完善	11.7	不能和视频系统联动	6.7
		不能和通风、空调系统联动	3.3
		不能和灯光智能控制系统联动	1.7
灭火系统误动	11.7	自动模式下存在误动风险	5.0
		断路器位置取自操作箱	3.3
		报警和灭火动作回路共用	1.7
		灭火系统启动功率不满足要求	1.7

续表

问题分类	占比（%）	问题细分	占比（%）
电源不可靠	8.3	备用电池故障	5.0
		单电源供电	3.3
灭火系统选型不合理	1.6	灭火系统选型不合理	1.7

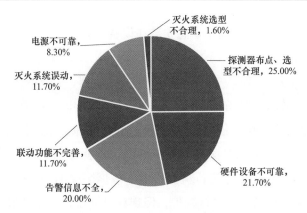

图 3-36　消防系统主要问题占比

3.3.3　可靠性提升措施

（1）实现消防系统信息集中监控。

1）现状及需求。

变电站消防系统设置独立主机，只将消防告警总信号接入监控后台，消防系统信息及其他辅助系统信息没有统一监控平台，无法集中监控，无法实现各辅助系统间联动。

需要建立统一的变电站一体化智能监控平台，实现变电站消防等辅助系统的监测、控制和联动，提升运维效率和设备运行可靠性。

2）具体措施。

a）建设变电站一体化智能监控平台，将消防系统纳入一体化智能监控平台统一管理。消防系统结构图如图 3-37 所示。

b）消防系统主机通过 ModBus 通信协议接入辅助测控单元的通信板卡，统一上传至一体化智能监控平台。

c）辅助测控单元支持 IEC 61850 规约，上传至变电站一体化智能监控平台。

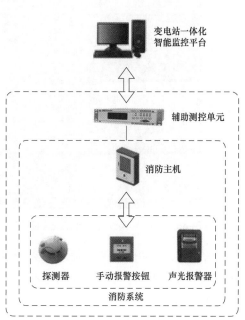

图 3-37　消防系统结构图

（2）改善探测器布点、选型。

1）现状及需求。

部分变电站存在火灾报警探测器安装在带电设备上方的情况，故障后难以做到及时维修。火灾报警探测器布点存在盲区，未实现全面覆盖。未根据建筑物功能区选用合适的火灾报警探测器，如厨房采用感烟探测器。需要设计、安装阶段做好探测器安装位置、数量、选型统一规划。

案例 1：220kV 某变电站电抗器室烟感安装在设备上方，如图 3-38 所示。维护检修需将电抗器转检修，不便于维护。

案例 2：2016 年 11 月，110kV 某变电站 1 号主变压器、2 号主变压器室烟感探测器故障，系统报警，维保人员前往现场后，确认需对烟感探测器进行更换，但因与设备安全距离不足，需要将 1 号、2 号主变压器停电后才能处理，因此缺陷一直因设备带电无法消缺。

案例 3：2016 年 12 月，110kV 某变电站 GIS 室烟感探测器故障，系统报警，维保人员前往现场后，确认需对烟感探测器进行更换，由于该烟感探测器安装位置超高（接近 8m），绝缘梯高度不够，只能搭接脚手架进行维护，但现场空间小，脚手架底部只能搭接一排，且脚手架水平方向无法固定牢靠，搭接到 3 层脚手架时，晃动较大，人员无法站稳，故障无法处理。

案例 4：220kV 某变电站开关室烟感探头布置未充分考虑电气设备运行情况，设备投运后，由于电气安全距离的原因，无法对设备正上方的烟感探头进行定期检测或维修，如图3-39 所示。

图 3-38　220kV 某变电站电抗室烟感安装位置图

图 3-39　火灾探测器安装图

案例 5：±800kV 某换流站火灾报警系统后台经常报"综合楼一层厨房火灾报警出线"，现场检查并无火情，实际为厨房炒菜时产生大量油烟，导致副食品库内的感烟探测器误报警。

2）具体措施。

a）设计阶段，在保证覆盖范围的情况下，火灾报警探测器避免安装在运行设备上方，并预留检修空间或通道，且满足检修时人员与带电设备安全距离要求。

b）探测器布点应满足 GB 50229《火力发电厂与变电站设计防火规范》中第 11.5.21 条："变电站主要设备用房和设备火灾自动报警系统应符合表 11.5.21 的规定"，其中探测器布点规定如表 3-12 所示。

表 3-12 探测器布点规定

建筑物和设备	火灾探测器类型	备注
主控通信室	感烟或吸气式感烟	
电缆层和电缆竖井	线性感温、感烟或吸气式感烟	
继电器室	感烟或吸气式感烟	
电抗器室	感烟或吸气式感烟	如选用含油设备时，应采用感温
可燃介质电容器室	感烟或吸气式感烟	
配电装置室	线性感温、感烟或吸气式感烟	
主变压器	线型感温或吸气式感烟（室内变压器）	

c）厨房选用感温探测器，避免使用烟感探测器。

（3）提高硬件设备可靠性。

1）现状及需求。

部分变电站消防系统探测器信号线选择不当、控制模块布置不合理，易造成误报警，导致误判；部分变电站排油注氮灭火系统管道及阀门密封不严；严寒地区变电站水喷淋、泡沫喷淋灭火系统无保温措施。

需要明确探测器信号线选型、控制模块布置、排油注氮灭火系统管道安装材质和工艺，以及水喷淋、泡沫喷淋灭火系统保温措施。

案例 1：220kV 某变电站，消防报警系统于 2013 年建成，敷设的感温电缆地址模块基本上都是安装在电缆沟内。现消防报警系统日常运行过程中，有很多误报现象，误报多发点基本是由室内外电缆沟内感温线缆触发。原安装设计的方案，感温电缆的地址模块敷设于电缆沟内，由于电缆沟内湿度比较大，虽模块加装了防水箱，但受环境的影响，经常发生误报火警情况。感温电缆故障检修及排查如图 3-40 所示。

案例 2：2015 年 12 月，220kV 某变电站 1

图 3-40 感温电缆故障检修及排查

号主变压器突发油位低。进一步检查确认为排油充氮装置自带真空阀失效，主变压器本体与排油充氮装置连接板阀虽处于闭合位置但关闭不严，造成主变压器本体变压器油经排油充氮装置管道渗漏至事故油池，最终导致主变压器油位异常下降。油枕油位如图 3-41 所示，排油充氮装置真空阀如图 3-42 所示。

图 3-41　油枕油位　　　　　　　　　　图 3-42　排油充氮装置真空阀

案例 3：220kV 某变电站 2 号主变压器充氮灭火装置漏油严重，威胁主变压器安全稳定运行。充氮灭火装置渗油部位如图 3-43 所示。

图 3-43　充氮灭火装置渗油部位

案例 4：2012 年 5 月，对 220kV 某变电站主变压器排油充氮装置现状进行分析调查，发现某品牌排油充氮装置断流阀大部分存在渗油现象，如图 3-44 所示。

案例 5：±800kV 某换流站冬季室外温度较低，水消防系统内的水长期处于不流动状态，存在结冰隐患，一旦结冰不利于现场应急使用，严重时会将管道冻裂。

案例 6：2015 年 12 月，在对 500kV 某变电站巡视期间，发现 2 号主变压器泡沫喷淋灭火系统气瓶气

图 3-44　主变压器断流阀渗油

压值偏低。经过进一步检查，确认是由于东北地区冬季气温过低，而喷淋罐体存放房屋无保暖措施，设备温度低造成压力下降。

2）具体措施。

a）火灾报警探测器信号线使用消防专用信号线穿管安装，且中间不得留有接头。

b）电缆沟内感温电缆探测器控制模块应集中放置在地面端子箱内，不得随意放置在电缆沟中或其他外露区域。

c）排油注氮灭火系统密封胶垫应选用丁腈橡胶或丙烯酸酯等优质材料，排油阀等应采用不锈钢阀和耐油胶垫，密封面使用压紧限位结构，紧固时采用规定紧固力矩，保证胶条受力在合理的范围内；法兰螺栓紧固时要保证两个法兰面无扭曲较劲现象，并对称、均匀紧固，直到密封垫压缩到位；严格执行试漏工艺和密封试验。

d）寒冷地区水喷淋、泡沫喷淋灭火系统户外管道宜加装保温措施，严寒地区应采用电辅热措施。消防水池防冻措施：埋地设置，池顶覆土保温，双层井盖。高位水池防冻措施：外保护，采暖。

e）严寒地区泡沫喷淋灭火系统氮气瓶、泡沫罐存放地点需采取保温措施，可选择空调制热、电暖等措施。

（4）提升告警信息处置效率。

1）现状及需求。

大部分无人值守变电站只将消防告警总信号接入监控后台，运维班人员接监控人员通知后，需到站现场确认具体告警信息。

需细化、规范消防系统的告警信息，接入一体化智能监控平台，能在远方确认消防系统告警信号。

案例 1：部分 110kV 变电站，消防报警系统站内能显示消防报警位置，但现有调控新系统只报一个消防报警总信号，无法确定报警位置及判断处理方法，只能去站里才能确定，给消防报警处理带来不便，一旦发生险情，延误处理时间。

案例 2：部分 220kV 变电站，发生异常情况时报警信号只上传至变电站驻地，但是目前值班模式为变电站无人值守，无法第一时间得知现场情况，延误异常情况的处理，可能会对设备带来不良后果。

2）具体措施。

a）参照变电站一、二次设备典型信息表，制订变电站消防系统信息点表，将告警信息全部接入一体化智能监控平台，便于远程监控。

b）信息或信号全称由"变电站名称 + 告警位置（区间或间隔）+ 报警信号名称"组成。

c）消防报警系统必须上传（但不局限于）以下信息，如表 3-13 所示。

表 3-13   消防报警系统上传信息

设备类型	设备状态 / 测量值	备注
消防报警总信号	动作 / 复归	通过硬触点 / 网络两种方式上送
主机故障信号	动作 / 复归	通过硬触点 / 网络两种方式上送
探头 / 模块状态	正常 / 火警	探头 / 模块命名应指明实际位置
探头 / 模块状态	正常 / 地址丢失	
主机 / 回路主供电源状态	正常 / 主电故障	
主机 / 回路备供电源状态	正常 / 备电故障	
主机 / 回路通信状态	正常 / 中断	
手报（紧急按钮）	动作 / 复归	
声光报警装置状态	动作 / 复归	
探头 / 模块 / 主机 / 回路 / 测控	其他未定义故障	

d）排油注氮灭火系统必须上传（但不局限于）以下信息，如表 3-14 所示。

表 3-14   排油注氮灭火系统上传信息

设备类型	设备状态 / 测量值	备注
灭火系统动作信号	动作 / 复归	通过硬触点 / 网络两种方式上送
主机故障信号	动作 / 复归	通过硬触点 / 网络两种方式上送
探头 / 模块状态	正常 / 火警	探头命名应指明实际位置
探头 / 模块状态	正常 / 地址丢失	
主机 / 回路主供电源状态	正常 / 主电故障	
主机 / 回路备供电源状态	正常 / 备电故障	
主机 / 回路通信状态	正常 / 中断	
阀门状态	开启 / 关闭	按实际名称命名
工作模式	自动 / 手动	
探头 / 模块 / 主机 / 回路 / 测控	其他未定义故障	

e）水喷淋灭火系统必须上传（但不局限于）以下信息，如表 3-15 所示。

f）泡沫喷淋灭火系统必须上传（但不局限于）以下信息，如表 3-16 所示。

g）利用视频系统对告警信息进行判别，若确认误报后可进行远方消音，装置再次告警时应能够正常报警。

（5）完善消防系统联动功能。

1）现状及需求。

目前多数变电站为无人值守变电站，但变电站消防系统智能化水平不高，信息管理及监控模式落后，消防系统独立运行，与其他辅助子系统不能实现联动。

表 3-15 水喷淋灭火系统上传信息

设备类型	设备状态 / 测量值	备注
灭火系统动作信号	动作 / 复归	通过硬触点 / 网络两种方式上送
主机故障信号	动作 / 复归	通过硬触点 / 网络两种方式上送
探头 / 模块状态	正常 / 火警	探头命名应指明实际位置
探头 / 模块状态	正常 / 地址丢失	
主机 / 回路主供电源状态	正常 / 主电故障	
主机 / 回路备供电源状态	正常 / 备电故障	
主机 / 回路通信状态	正常 / 中断	
主 / 备泵状态	启动 / 停止	
主 / 备泵电源状态	正常 / 失电	
阀门状态	开启 / 关闭	按实际名称命名
工作模式	自动 / 手动	
探头 / 模块 / 主机 / 回路 / 测控	其他未定义故障	

表 3-16 泡沫喷淋灭火系统上传信息

设备类型	设备状态 / 测量值	备注
灭火系统动作信号	动作 / 复归	通过硬触点 / 网络两种方式上送
主机故障信号	动作 / 复归	通过硬触点 / 网络两种方式上送
探头 / 模块状态	正常 / 火警	探头命名应指明实际位置
探头 / 模块状态	正常 / 地址丢失	
主机 / 回路主供电源状态	正常 / 主电故障	
主机 / 回路备供电源状态	正常 / 备电故障	
主机 / 回路通信状态	正常 / 中断	
阀门状态	开启 / 关闭	按实际名称命名
工作模式	自动 / 手动	
探头 / 模块 / 主机 / 回路 / 测控	其他未定义故障	

消防系统应与辅助子系统（视频系统、灯光智能控制系统、智能巡检机器人）实现联动，实现智能化管理。

2）具体措施。

a）消防系统应与视频系统具备联动控制功能。消防系统报警时，联动视频监控对报警点进行拍摄并向监控发出报警信号，录像实时存储在服务器上。

b）消防系统应与通风、空调系统具备联动控制功能。消防系统报警时，按照消防部门要求及设计单位联动策略开启/关闭风机、空调。

c）消防系统应与灯光智能控制系统具备联动控制功能。消防系统报警时，按照消防部门要求及设计单位联动策略开启/关闭照明系统。

d）消防系统应与变电站智能巡检机器人具备联动功能。消防系统报警时，联动巡检机器人前往报警点进行拍摄并发出报警信号，录像实时存储在服务器上。

（6）避免主变压器灭火系统误动。

1）现状及需求。

部分变电站存在灭火系统启动判据不充分、断路器位置触点取用不合理、报警和灭火动作回路共用、灭火系统电磁阀电源不满足现场抗干扰要求等问题。

需要优化灭火系统启动逻辑，提升抗干扰能力，防止误动。

案例：220kV某变电站采用户外常规布置形式，2005年8月25日，2号变压器充氮灭火装置启动，造成2号变压器两侧断路器跳闸，当时现场未发生火灾，由于220kV侧线路在操作中拉开220kV侧线路隔离开关，产生感应电流，而充氮灭火装置中电子雷管动作定值极小，造成电子雷管动作，充氮灭火装置误动。

2）具体措施。

a）优化灭火系统自动模式启动条件，在自动模式下主变压器各侧断路器分位且感温电缆告警时才可以动作；若主变压器各侧隔离开关均分位，不应动作。

b）监视断路器位置的触点必须取自断路器本体辅助触点，以增加可靠性。

c）灭火系统报警、动作回路应与消防报警系统报警回路相互独立，若站内配置多套自动灭火装置，多个灭火装置的信号、动作回路应相互独立。

d）灭火系统电磁阀启动电源线应采用屏蔽电源线或提高电磁阀启动电压。

（7）提高消防系统供电可靠性。

1）现状及需求。

消防报警主机主供电源采用站内 AC 220V 供电，备用电源为 24V 可充电电池，个别厂家使用一次性干电池，备用电池故障后，消防报警主机供电可靠性降低。

需要提高消防系统供电可靠性。

案例1：110kV某变电站，消防报警装置存在备用电源经常故障，备用电源是一个干电池，电量用完后造成装置一直处于报警状态，装置打印功能一直工作，无端浪费大量打印纸，给运维工作以及装置本身正常使用带来很多问题，可靠性不高。消防报警装置打印故障如图 3-45 所示。

案例 2：2017 年 1 月，在 35kV 某变电站进行全面巡视时，发现火灾报警装置备用电故障，更换备用蓄电池后，故障消除。

案例 3：2016 年 3 月，对 220kV 某变电站消防系统运行状况进行排查，发现大部分消防报警系统控制器备用电源报警，在主用电源失电的情况下，消防报警系统将退出运行。

图 3-45　消防报警装置打印故障

2）具体措施。

a）220kV 及以上变电站设立辅助系统专用交流馈线屏，该馈线屏设两路交流电源进线且取自不同母线，安装自动切换装置。需两路电源供电的辅助系统直接从馈线屏上取两路电源，需单路电源供电的辅助系统取馈线屏切换后的电源，各馈出线路均应安装过电压防护措施。

b）消防系统主供电源取自辅助系统专用交流馈线屏，若具备条件，备用电源使用站内直流屏 DC 110V（220V）电源。

c）消防报警系统主机备用电源蓄电池其输出功率应大于火灾自动报警系统及联动控制系统全负荷功率的 120%，蓄电池组的容量应保证火灾时，火灾自动报警及联动控制系统可在工作负荷条件下连续工作 3h 以上。

（8）优化变压器灭火系统选型。

1）现状及需求。

目前，变电站用变压器灭火系统有水喷淋、泡沫喷淋、排油注氮灭火系统，各有优缺点，各单位选用并无规范。

需要从安装、维护便利性及运行可靠性方面确定灭火系统选型。

2）具体措施。

选用泡沫喷淋灭火系统，泡沫喷淋灭火系统与其他灭火系统的对比如表 3-17 所示。

表 3-17　　　　　　　　　泡沫喷淋灭火系统与其他灭火系统对比

灭火系统 项目	水喷淋灭火系统	泡沫喷淋灭火系统	排油注氮灭火系统
灭火效果	变压器内、外部均可灭火	变压器内、外部均可灭火	变压器内部可灭火
技术成熟度	成熟	成熟	成熟

灭火系统 项目	水喷淋灭火系统	泡沫喷淋灭火系统	排油注氮灭火系统
安装便利性	独立设计，安装便捷	独立设计，安装便捷	需要与变压器同步设计安装
试验	停电时可试验	停电时可试验，过后需清洗；试验后，需补充灭火剂	无法试验
误动结果	误动后，变压器需检查、试验，合格后可继续使用	误动后，变压器需检查、试验，合格后可继续使用	误动后，变压器需解体大修、试验，合格后方可使用
维护便利性	水系统检查维护复杂	只需对泡沫、氮气瓶检查维护	只需对充氮系统检查维护
占地面积	需要一套水消防系统，占地面积大	需要设置泡沫罐贮存室，占地面积适中	需要就地布置消防柜，占地面积小
预估投资	80 万元	50 万元	20 万元

3.3.4 智能化关键技术

通过广泛调研，提出 3 项智能化关键技术。

（1）推进智能辅助一体化监控平台建设。

1）现状及需求。

目前，变电站内辅助系统种类繁多，消防、视频、安防、环境、灯光等各辅助系统均独立运行。

需要建立统一的变电站一体化智能监控平台，实现变电站各系统间的监测、控制和联动，提升运维效率和设备运行可靠性。

2）优缺点。

a）特点及优势：①变电站增加辅助测控单元。将消防主机通过通信方式接入辅助测控单元。②通过一体化智能监控平台实现消防系统与灯光智能控制系统、视频系统的联动。

b）缺点及存在的不足：①辅助系统所有数据全部接入Ⅲ区服务器，数据量大，带宽要求高。②Ⅱ/Ⅲ区正向隔离装置不稳定，存在数据丢失现象。③Ⅲ区服务器处理数据量大，性能要求高。④无法在一台工作站上实现站内主、辅设备的遥控。

3）技术成熟度及难点。

技术上成熟，可以实现。但产品开发处于起步发展阶段，部分单位已探索开发。对各子系统的软硬件接口和通信规约需进行统一，各设备制造厂家需重新设计软、硬件系统。

（2）推动辅助测控单元研发。

1）现状及需求。

现有的消防系统、门禁控制系统、防入侵系统、灯光智能控制系统均设置有独立主机，各主机通过通信上送信息。通信规约不统一，通信不稳定，故障率高，数据无法实现交互、共享。

需保留消防、视频系统主机，其他辅助系统取消主机，统一接入辅助测控单元。

2）优缺点。

a）特点及优势：①架构扁平化。参照变电站二次系统测控单元设计理念，保留消防系统主机，取消安防等辅助系统主机，采取"直采直控"的方式，统一上传，减少信息传递和接口层级。②监控信息全采集。实现辅助系统监控信息、异常报警、设备状态等信息采集，并通过同一个界面集中展现。

b）缺点及存在的不足：采取"直采直控"的方式，将数据直接上送，数据采集模块多，对硬件要求较高，目前无成熟产品。

3）技术成熟度及难点。

技术上成熟，可以实现。但产品开发处于起步发展阶段，部分单位已探索开发。对各子系统的软硬件接口需进行统一，各设备制造厂家需重新设计安防等各辅助系统前端采集装置。

（3）完善消防系统联动功能。

1）现状及需求。

变电站消防系统智能化水平不高，信息管理及监控模式落后，辅助子系统独立运行，与其他辅助子系统联动功能不完善。

消防等各辅助子系统接入一体化智能监控平台，实现子系统之间的联动功能。

2）优缺点。

a）特点及优势：①实现主设备、消防、在线监测、辅助、视频、智能巡检机器人等系统信息共享互通，一体化监控平台对各类信息进行综合分析和研判，安防、火灾等异常情况发生时，监控平台可自动实现多系统联动。②站内辅助系统全部接入Ⅲ区网络，增加后台Ⅲ区服务器，通过一体化平台实现消防系统与门禁系统、视频监控系统、安防系统联动，可利用Ⅲ/Ⅳ区网络覆盖范围大的特点，便于一体化平台后期功能扩展各辅助系统。

b）缺点及存在的不足：辅助子系统间联动需借助一体化智能监控平台实现，但产品开发处于起步发展阶段，对Ⅲ区服务器数据处理能力要求较高。

3）技术成熟度及难点。

技术上成熟，可以实现。但产品开发处于起步发展阶段，各设备制造厂家需重新设计软件系统，配置、调试联动逻辑。

3.4 视频系统

3.4.1 设备简述

变电站视频系统是对变电站主要设备外观状态、各设备室、变电站大门、周界、出入口和辅助设施进行图像监视的系统。主要由视频监控主机、硬盘录像机和摄像机构成。视频信息除可在站内视频监控主机监控外，还可上送至电网统一视频平台。视频系统结构示意图如图 3-46 所示。

3.4.2 主要问题分类

通过广泛调研，共提出主要问题 6 大类、24 小类。视频系统主要问题分类如表 3-18 所示，视频系统主要问题占比图 3-47 所示。

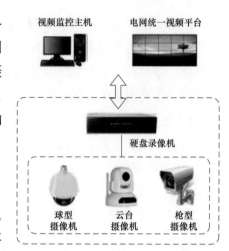

图 3-46 视频系统结构示意图

表 3-18 视频系统主要问题分类

问题分类	占比（%）	问题细分	占比（%）
视频影像质量差	24.4	摄像机分辨率低	12.2
		视频通信带宽低	4.2
		视频画面不稳定	2.0
		外壳防护能力差	2.0
		抗干扰能力差	2.0
		夜间视野差	2.0
不具备联动功能	22.5	视频与灯光无联动	10.2
		视频与设备变位无联动	6.1
		视频与安防系统无联动	4.2
		视频与消防系统无联动	2.0
视频系统功能不完善	18.4	视频图像丢失	6.1
		文件存储容量小	4.1
		软件配置异常	4.1
		监控系统软件故障	4.1
摄像机布点不合理	12.3	摄像机覆盖不全	6.1
		安装位置不合理	4.2
		监视不到设备	2.0

续表

问题分类	占比（%）	问题细分	占比（%）
摄像机供电不可靠	12.2	抗电压波动能力低	6.1
		摄像机电源单一	4.1
		电源模块容量不足	2.0
告警信息不全或误报	10.2	无失电告警	4.2
		站端告警信息不全	2.0
		不具备告警信息远传	2.0
		告警信息无统一规范	2.0

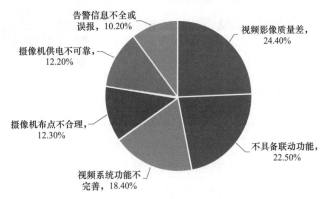

图 3-47　视频系统主要问题占比

3.4.3　可靠性提升措施

（1）实现视频系统信息集中监控。

1）现状及需求。

目前变电站视频及其他辅助系统信息没有统一监控平台，无法集中监控，无法实现各辅助系统间联动。

需要建立统一的变电站一体化智能监控平台，实现变电站视频系统等辅助系统的监测、控制和联动，提升运检效率。

2）具体措施。

a）建设变电站一体化智能监控平台，将视频系统纳入平台统一管理，视频系统结构图如图 3-48 所示。

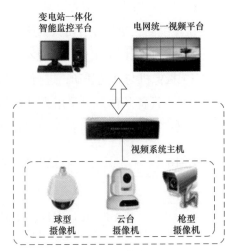

图 3-48　视频系统结构图

b）视频系统主机通过通信接入Ⅲ区网络，统一上传至一体化智能监控平台。

c）在Ⅲ区一体化平台主机实现视频监视控制功能。

（2）提高视频影像质量。

1）现状及需求。

变电站存在视频影像分辨率过低、画面模糊、上传画面不稳定、视频带宽不足等普遍现象。

需提升视频影像分辨率，提高传输带宽，保证视频图像清晰稳定。

案例1：220kV某变电站摄像机年限较长，致使图像清晰度不够。监控系统采用模拟信号，未建立大宽带的视频通道，影响视频系统的稳定运行，如图3-49所示。

案例2：某省35～220kV变电站视频系统图像传输大多数用的是2M的专用通道，通道带宽无法满足传输高清图像要求。

图3-49　220kV某变电站视频系统摄像头像素低

2）具体措施。

a）采用数字式网络摄像机，分辨率应达到XGA（1024×768）及以上，帧率应达到25帧及以上，放大倍数36X以上。

b）户外摄像机的防护等级不低于IP66，室内防护等级不低于IP65。

c）摄像机选型应充分考虑设备运行环境，装置采用防高温、防晒材料或加装遮阳板；严寒地区要求采用耐低温材料；风沙、粉尘等重污秽地区摄像机（包括云台）应具备防风沙和防污功能。

d）视频系统相关箱体的防尘、防水等级不低于IP55防护等级。

e）所有线缆都应穿管，采用热镀锌钢管，钢管应多点接地；在电缆沟内敷设时，不得与一次电缆同层敷设并有防火措施；沿杆引上摄像机的线缆应采取屏蔽措施。

f）Ⅲ/Ⅳ区网络出站带宽应不低于100M，满足高清图像传输要求。

g）摄像机与灯光联动，进行补光，提高夜间可视能力。

h）若具备条件，可采用光纤摄像机，提升视频影像传输的抗干扰能力及传输稳定性。数字式网络摄像机与光纤摄像机对比如表3-19所示。

表3-19　　　　　　　　　数字式网络摄像机与光纤摄像机对比

项目	数字式网络摄像机	光纤摄像机
传输	超5类、6类双绞线，其传输距离通常在100m，双绞线电信号信号衰减较大，易受干扰	单模光纤，传输距离通常可达30km以上，抗干扰能力力强，光信号几乎无衰减
效益	设备成本低	设备成本略高

续表

项目	数字式网络摄像机	光纤摄像机
优劣势	组网灵活，兼容性好，远距离部署需要增加中继或光转	适用于远距离部署，保密性强，主控板集成光纤模块，但需考虑光模块和接口与后端通信设备匹配问题
效果	图像效果基本一致，系统稳定性差	图像效果基本一致，系统稳定性高

（3）规范视频系统告警信息。

1）现状及需求。

变电站现有视频系统告警信息未上传监控后台，运维人员无法及时监视、处理系统故障。

需细化、规范视频系统的告警信息，接入一体化智能监控平台，实现视频系统告警信息的有效监控。

2）具体措施。

a）参照变电站一、二次设备典型信息表，制订变电站视频系统信息点表，将告警信息全部接入一体化智能监控平台。

b）视频系统须上传（但不限于）以下信息，如表 3-20 所示。

表 3-20　　　　　　　　　　视频系统须上传信息

序号	设备类型	设备状态 / 测量值	备注
1	摄像机状态	正常 / 故障	命名应指明实际位置
2	摄像机电源状态	正常 / 失电	
3	摄像机控制状态	遥控 / 自动	
4	摄像机通信状态	正常 / 中断	
5	摄像机视频图像状态	正常 / 故障	
6	视频系统主机工作状态	正常 / 故障	命名应指明实际编号
7	视频系统主机电源状态	正常 / 失电	
8	视频系统主机通信状态	正常 / 中断	
9	视频系统主机 / 摄像机	其他未定义故障	—

c）当其他辅助系统发生报警联动视频时，能自动推送对应区域视频画面，并在推送视频界面上提示报警信息。

（4）优化摄像机布点。

1）现状及需求。

目前变电站配置摄像机数量较少，一般配置在场地两端、中间或通道出入口，部分区域或设备未能覆盖，且摄像机安装位置不合理，难以满足安防和设备日常监控要求，也不便于摄像机的维护。

摄像机布点需要优化摄像机安装位置，满足安防和设备外观监视及维护要求。

案例1：某省110～220kV变电站视频系统摄像机配置较少，变电站设备场地配置摄像机12～16个，一般配置在场地两端或中间，安装位置较高，监视死角多。

案例2：110kV某变电站视频监控系统的运行维护比较困难，当摄像机损坏后，由于位置过高更换比较困难。目前变电站视频监控系统的布线未采用电缆，摄像机布点存在问题，不能实现全站设备的全覆盖监视。

案例3：500kV某变电站视频系统摄像头距离带电设备太近，摄像头脏污或故障后，难以维护和检修。无法保证站内视频监控的正常运行，某变电站摄像头位置如图3-50所示。

2）具体措施。

a）安防监视摄像机布点需满足变电站大门、周界、出入口监视的要求，保证变电站处于实时监控状态。

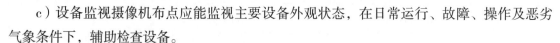

图3-50　某变电站摄像头位置

b）大门入口处、大门内各安装1台高清网络红外枪型摄像机；变电站主控楼出入口内厅安装1台摄像机；变电站围墙内每角立杆安装1台高清高速网络红外球型摄像机，虚拟警戒线范围超出时应增设摄像机。

c）设备监视摄像机布点应能监视主要设备外观状态，在日常运行、故障、操作及恶劣气象条件下，辅助检查设备。

d）摄像机的安装位置应充分考虑安全距离等相关因素，便于检修，例如监视摄像机应安装在带电设备网门外，与设备引线留有足够的安全距离。

e）户外设备区摄像机应按现场实际情况布点。各电压等级设备区应分别安装1台高清摄像机，实现相应设备区的全景监视；3/2断路器接线方式，每两串安装3台摄像机；220、110kV设备区每两个间隔安装1台摄像机，多间隔可采用W形布置；35、10kV设备及GIS设备区可根据设备布置方式适当减少摄像机的数量；电抗器、电容器等其他户外设备区，每2组安装1台摄像机。主变压器、高压电抗器可全景监视，兼顾高、低位置。

f）设备室摄像机应按现场实际情况布点。主控室、交流配电室、所用变压器室、直流室、蓄电池室、电缆层、消防泵室、主变压器消防室、安全工器具室等生产场所应安装摄像机；继电保护室、通信室、高压开关室应在对角处安装摄像机。

g）在室外高压设备区应选择独立立杆安装，便于维护检修。

（5）完善视频系统功能。

1）现状及需求。

部分变电站视频系统安防摄像头无周界报警及夜视功能，图像数据存储容量不足，远端、站端权限分配不合理，视频信息无法上传至调度视频监控平台。

视频系统需满足安防需要，优化遥控权限配置，增大视频存储量。

案例：2016 年 10 月，某省某市反恐办开展对 220kV 某变电站反恐检查，发现变电站涉及"主要出入口及周界围墙"的视频图像信息保存期限只有一个月，不满足《反恐法》第三十二条规定：采集的视频图像信息保存期限不得少于 90 日的要求。

2）具体措施。

a）一体化智能监控平台应能图形化显示视频设备分布和报警状态，通过图形化方式对摄像机进行远程控制。

b）防入侵功能摄像机视频监控图像设立虚拟警戒线，应对变电站围墙周界全覆盖，当有人员、异物闯入到警戒区域内，系统可以报警，摄像机应具备夜视功能。

c）一体化智能监控平台支持实时告警显示、报警联动、报警推送画面，报警信息应该和录像数据结合，由报警信息检索回放相应的视频录像。

d）摄像机具有自动返回初始位功能。在设定时间内无任何操作时，摄像机应返回初始位置。

e）视频系统应保证控制的唯一性，有权限分配功能，高优先级的用户可无条件获得低优先级用户的控制权，同级别用户根据时间优先的原则获得控制权。权限优先级从高到低依次为就地、远方。

f）变电站大门设置可视对讲装置，通过一体化智能监控平台显示访客画面并可进行语音交流。

g）安防功能视频存储周期不小于 90 天，设备监视功能视频存储周期不小于 30 天；对历史数据存储时间不小于 2 年，历史数据包括了历史状态数据、告警数据、联动数据和操作数据等。

h）变电站视频系统的软、硬件接口应满足站内设备通信和上传至一体化智能监控平台的要求。

（6）实现视频系统联动。

1）现状及需求。

目前多数变电站为无人值守变电站，变电站视频系统智能化水平不高，信息管理及监控模式落后，视频系统独立运行，与其他辅助子系统联动功能不完善。

视频系统应与其他辅助子系统（安防系统、消防系统等）实现联动，进行智能化管理。

案例 1：220kV 某变电站是无人值守变电站，该站的 2 号主变压器室平时为关灯状态且不具备自动开关灯功能，由于视频探头不具备夜视功能，无法远程观测设备情况。

案例 2：220kV 某变电站安装了视频监控、电子围栏等子系统，目前各子系统均独立运行，缺乏系统之间的信息交互。视频监控及电子围栏子系统独立运行，在防区报警时，视频监控不能直接联动到报警区域，无法及时发现入侵事件。

2）具体措施。

a）视频系统联动控制时，相关区域摄像机应自动转向事件位置（设备预置位），监控界面应立即显示出相关区域的实时画面。摄像机设定时间内无任何操作，返回初始位置。

b）视频系统应与灯光智能控制系统具备联动功能。摄像机遥控或进行联动时，若光照不足，拍摄区域的灯光自动打开进行补光；摄像机返回初始位置后拍摄区域的灯光自动关闭。利用视频系统对灯光告警信息进行远程判别、确认、挂牌。

c）视频系统应与一、二次设备告警信号具备联动控制功能。一、二次设备故障告警时，自动联动告警区域内摄像机。

d）视频系统应与门禁控制系统具备联动控制功能。当门状态变化时，摄像机可转向门口的预设位置监视和录像。

e）视频系统应与防入侵系统具备联动控制功能。电子围栏、红外对射等防入侵系统装置报警时，告警信息按照防区位置进行上传，视频摄像机自动转向报警区域，对入侵点进行拍摄，并能够实时跟踪。

f）视频系统应与消防报警系统具备联动功能。出现火警时，附近多台摄像机自动转向报警区域。

（7）提升视频系统电源可靠性。

1）现状及需求。

部分视频系统未设计专用供电电源，采用就近取电方式或采用单电源供电，在站内交流失电的状态下视频系统无法正常工作，导致视频监视功能失效。

视频系统电源需采用专用电源，并临近设置摄像机电源箱，提升供电可靠性。

案例 1：2015 年 4 月 3 日，运维人员在对某市 35kV 某变电站开展视频监控系统专项隐患排查工作时发现云台式摄像机使用的电源线截面较小，不到 1mm²，线路敷设较长，电压降明显。

案例 2：2017 年 3 月，500kV 某变电站线路故障，导致站内站用电电压波动，第一次波动触发视频监控屏柜内的主备电源切换箱的保护装置，空气开关跳闸，屏柜失电，整个视频监控系统处于停运状态，待站内值班人员发现故障后，给屏柜重新上电，系统恢复运行；第二次波动影响到视频监控系统的前端摄像机，触发摄像机保护装置，摄像机在电压出现波动的同时出现自动重启现象，如图 3-51 所示。

2）具体措施。

a）220kV 及以上变电站设立辅助系统专用交流馈线屏，该馈线屏设两路交流电源进线

图 3–51 电压波动时摄像机出现自检情况

且取自不同母线，安装自动切换装置。需两路电源供电的辅助系统直接从馈线屏上取两路电源；需单路电源供电的辅助系统取馈线屏切换后的电源；各馈出线路均应安装过电压防护措施。

b）视频系统电源取自辅助系统专用交流馈线屏。

c）就近设置摄像机端子箱，在端子箱内布置摄像机电源模块、电源接线排、视频数据通信转接设备；临近摄像机电源取自该端子箱，箱体的防尘、防水等级不低于 IP55 防护等级。

d）摄像机电源模块和电源线容量应满足所接负载，特别是摄像机云台、红外摄像机、带加热功能的摄像机应详细计算其功率要求。

e）前端摄像机应有防过电压、过电流及过热保护装置，装置应能达到雷击浪涌防护：6000V；ESD（electro static discharge）防护：空气放电 16000V、接触放电 8000V；EFT（electrical fast transient）防护：4000V。

f）视频线缆采用具有屏蔽层的各种阻燃线缆，为防止电磁感应，沿杆引上摄像机的电源线和信号线应穿金属管屏蔽，金属管应多点接地。

3.4.4 智能化关键技术

通过广泛调研，提出 3 项智能化关键技术。

（1）推进变电站一体化智能监控平台。

1）现状及需求。

目前，变电站辅助系统种类繁多，视频、安防、消防、环境、灯光等各辅助系统均独立运行。

需要建立统一的变电站一体化智能监控平台，实现变电站各系统间的监测、控制和联动，提升运维效率和设备运行可靠性。

2）优缺点。

a）特点及优势：①变电站增加辅助测控单元。将视频系统通过统一规约接入辅助测控单元。②通过一体化智能监控平台实现视频系统与其他智能辅助子系统和一、二次设备告警信息的联动。

b）缺点及存在的不足：①辅助系统所有数据全部接入Ⅲ区服务器，数据量大，带宽要求高。②Ⅱ/Ⅲ区正向隔离装置不稳定，存在数据丢失现象。③Ⅲ区服务器处理数据量大，性能要求高。④无法在一台工作站上实现站内主、辅设备的遥控。

3）技术成熟度及难点。

技术上成熟，可以实现。但产品开发处于起步发展阶段，部分单位已探索开发。对各子系统的软硬件接口和通信规约需进行统一，各设备制造厂家需重新设计软、硬件系统。

（2）推进视频系统与其他系统间的联动。

1）现状及需求。

变电站视频系统智能化水平不高，信息管理及监控模式落后，辅助子系统独立运行，与其他辅助子系统联动功能不完善。

将视频等各辅助子系统接入一体化智能监控平台，实现子系统之间的联动功能。

2）优缺点。

a）特点及优势：①实现主设备、视频、灯光、在线监测、智能巡检机器人等系统信息共享互通，一体化监控平台对各类信息进行综合分析和研判，安防、火灾等异常情况发生时，监控平台可自动实现多系统联动。②站内辅助系统全部接入Ⅲ区网络，增加后台Ⅲ区服务器，通过一体化平台实现视频系统、灯光智能控制系统、消防系统、安防系统之间联动，可利用Ⅲ/Ⅳ区网络覆盖范围大的特点，便于一体化平台后期功能扩展各辅助系统。

b）缺点及存在的不足：①视频等辅助子系统间联动需借助一体化智能监控平台实现，但产品开发处于起步发展阶段，对Ⅲ区服务器数据处理能力要求较高。②视频系统与一、二次设备告警信息联动，一、二次设备告警经Ⅱ区服务器通过正向隔离装置后传至Ⅲ区服务器实现。Ⅱ/Ⅲ区正向隔离装置不稳定，存在数据丢失现象，且Ⅲ区服务器处理数据量大，性能要求高。

3）技术成熟度及难点。

技术上成熟，可以实现。但产品开发处于起步发展阶段，各设备制造厂家需重新设计软件系统，配置、调试联动逻辑。

（3）推进图像智能识别分析技术应用。

1）现状及需求。

变电站视频系统目前多用作实时画面监视、历史画面回看等简单功能。在无人值守的情况下，各变电站远方监视和视频分析内容工作量大，容易遗漏信息。

需要结合变电站运维的特殊性和自身视频监控系统的特点，加入智能视频识别技术，提升运维便利性。

2）优缺点。

a）特点及优势：①当在设定的监视区域内，出现突发性事件时，通过对视频监控图像的智能分析能够自动对事件产生告警。②设立虚拟警戒线（常设围栏），当有可疑人员闯入到警戒区域内系统就进行报警，并利用电子地图图形化显示。③变电站大门及围墙外侧，有人员、车辆长时间逗留时，可进行告警和拍摄。④利用视频识别分析技术，监视人员日常行为，例如是否佩戴安全帽、巡视自动记录等功能，如图 3-52 所示。⑤在视频图像的警戒区内，当有烟雾和火焰产生时，自动分析图像发出告警；或消防系统报警时，通过视频分析图像确认火情。⑥视频监控摄像机能自动跟踪移动物体，进行全过程监视，如图 3-53 所示。

图 3-52　人员行为识别

图 3-53　物体移动识别

b）缺点及存在的不足：缺点是算法不完善时容易错误识别和误报，给监视带来困扰。

3）技术成熟度及难点。

技术成熟度低，图像识别分析准确率低，图像识别算法复杂，需要组织专业技术人员参与研发。

难点是需要提高图像分析的识别技术，对识别算法精度要求高。图像的分析需要依靠强大的计算能力，数据量大时对计算机硬件性能要求高。

3.5　灯光智能控制系统

3.5.1　设备简述

变电站智能灯光控制系统是根据变电站现场照明实际需求，按区域控制灯具开启 / 关闭、实时监控灯具状态的系统。

灯光智能控制系统由主机、控制模块和照明灯具构成，灯光智能控制系统结构示意图如图 3-54 所示。主机实现照明远程控制、灯具状态信息查询和统计功能；控制模块作为输入 / 输出单元，接收主机下发的控制命令，控制灯具的开启 / 关闭，同时将灯具信息上送主机。灯具一般包括照明灯、探照灯、防爆灯等。

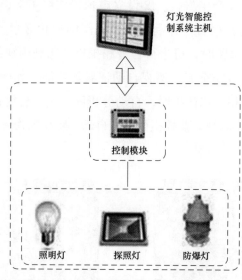

图 3-54 灯光智能控制系统结构示意图

3.5.2 主要问题分类

  通过广泛调研，共提出主要问题 3 大类、12 小类。灯光智能控制系统问题分类如表 3-21 所示，灯光智能控制系统主要问题占比如图 3-55 所示。

表 3-21   灯光智能控制系统问题分类

问题分类	占比（%）	问题细分	占比（%）
灯光智能控制系统功能不完善	46.7	灯光无远程开关功能	19.9
		无感光控制功能	6.7
		无定时开关灯控制	6.7
		灯光强度不可调	6.7
		灯光状态不能远方监视	6.7
告警信息不全或误报	33.2	无失电告警	13.1
		站端告警信息不全	6.7
		不具备告警信息远传	6.7
		告警信息无统一规范	6.7

续表

问题分类	占比（%）	问题细分	占比（%）
不具备联动	20.1	视频与灯光无联动	6.7
		灯光与安防系统无联动	6.7
		灯光与消防系统无联动	6.7

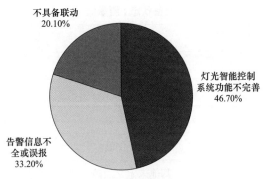

图 3–55　灯光智能控制系统主要问题占比

3.5.3　可靠性提升措施

（1）实现辅助控制系统信息集中监控。

1）现状及需求。

目前变电站灯光智能控制系统设置独立主机，信息未上送监控后台，无法集中监控，无法实现各辅助系统间联动。

需要建立统一的变电站一体化智能监控平台，实现变电站灯光智能控制系统等辅助系统的监测、控制和联动，提升运检效率。

2）具体措施。

a）建设变电站一体化智能监控平台，将灯光智能控制系统纳入一体化智能监控平台统一管理，如图 3–54 所示。

b）灯光智能控制系统的灯具控制模块通过 ModBus 通信协议接入辅助测控单元。

c）辅助测控单元支持 IEC 61850 规约，上传至变电站一体化智能监控平台。

（2）规范灯光智能控制系统告警信息。

1）现状及需求。

变电站现有灯光智能控制系统信息普遍不全，甚至没有报警信息，例如灯具故障后无告警、灯具控制模块失电后无告警。

需细化、规范灯光智能控制系统的告警信息，接入一体化智能监控平台，能在远方确认告警信号。

2）具体措施。

a）参照变电站一、二次设备典型信息表，制订变电站灯光智能控制系统信息点表，将告警信息全部接入一体化智能监控平台，便于远程监控。

b）灯光智能控制系统须上传（但不限于）以下信息，灯光智能控制系统须上传信息如表 3-22 所示。

表 3-22 灯光智能控制系统须上传信息

设备类型	设备状态 / 测量值	备注
灯具工作状态	开启 / 关闭	灯具命名应指明实际位置
灯具故障状态	正常 / 故障	
控制器工作状态	正常 / 故障	控制器命名应指明实际位置
控制器电源状态	正常 / 失电	
控制器通信状态	正常 / 中断	
控制器 / 灯具	其他未定义故障	—

c）变电站内同时发生多点报警时，按时间优先原则上报，其他报警点的报警信息不得丢失和误报；报警信息应有时标，精确到秒级。

（3）完善灯光智能控制系统功能。

1）现状及需求。

现有照明系统智能化程度低，无法远程监控，无法实现联动。

需依托一体化智能监控平台，完善灯光智能控制系统功能。

2）具体措施。

a）灯光智能控制系统取消主机，灯具控制模块（包括输入和输出）接入辅助测控单元后，统一接入一体化智能监控平台，实现灯具远程监控。

b）对变电站内灯具进行分组，实现各类灯具组合（全部灯光 / 区域灯光 / 单个灯光）的定时、联动、远方、手动等控制功能。

c）一体化智能监控平台可对灯具状态进行监测和远方控制，通过图形化方式展示，实时直观显示各灯具工作状态。

d）延时自动关灯、远程手动关灯时需在一体化智能监控平台进行提醒和操作确认，防止突然关灯对现场工作造成影响。

e）控制模块应有就地手动开关功能、带回路过载自动保护功能、断电恢复后保持原状态功能、故障检测功能。

（4）实现灯光智能控制系统联动。

1）现状及需求。

目前多数变电站为无人值守变电站，但变电站灯光智能控制系统智能化水平不高，信息管理及监控模式落后，灯光智能控制系统独立运行，与其他辅助子系统联动功能不完善。

灯光智能控制系统应与其他辅助子系统（视频系统、安防系统、消防系统等）实现联动，进行智能化管理。

案例：220kV 某变电站是无人值守变电站，该站的 2 号主变压器室平时为关灯状态且不具备自动开关灯功能，由于视频探头不具备夜视功能，无法远程观测设备情况。

2）具体措施。

a）灯光智能控制系统应与视频系统具备联动功能。摄像机遥控或进行联动时，若光照不足，拍摄区域的灯光自动打开进行补光；摄像机返回初始位置后拍摄区域的灯光自动关闭。利用视频系统对灯光告警信息进行远程判别、确认、挂牌。

b）灯光智能控制系统应与防入侵系统具备联动控制功能。电子围栏、红外对射等防入侵系统装置报警时，告警信息按照防区位置进行上传，夜间全站灯光自动开启进行威慑，同时联动视频摄像机自动转向报警区域，对入侵点进行拍摄，并能够实时跟踪。

3.5.4　智能化关键技术

通过广泛调研，共提出智能化关键技术 3 项。

（1）推进变电站一体化智能监控平台。

1）现状及需求。

目前，变电站辅助系统种类繁多，灯光、视频、安防、消防、环境等各辅助系统均独立运行。

需要建立统一的变电站一体化智能监控平台，实现变电站各系统间的监测、控制和联动，提升运维效率和设备运行可靠性。

2）优缺点。

a）特点及优势：①变电站增加辅助测控单元。将照明设施前端装置、传感器数据直接接入辅助测控单元，统一上传。②通过一体化智能监控平台实现灯光智能控制系统与其他智能辅助子系统和一、二次设备告警信息的联动。

b）缺点及存在的不足：①辅助系统所有数据全部接入Ⅲ区服务器，数据量大，带宽要求高。②Ⅱ/Ⅲ区正向隔离装置不稳定，存在数据丢失现象。③Ⅲ区服务器处理数据量大，性能要求高。④无法在一台工作站上实现站内主、辅设备的遥控。

3）技术成熟度及难点。

技术上成熟，可以实现。但产品开发处于起步发展阶段，部分单位已探索开发。对各子系统的软硬件接口和通信规约进行统一，各设备制造厂家需重新设计软、硬件系统。

（2）推动辅助测控单元研发。

1）现状及需求。

现有的灯光智能控制系统、门禁控制系统、防入侵系统、消防系统均设置有独立主机，各主机通过通信上送信息。通信规约不统一，通信不稳定，故障率高，数据无法实现交互、共享。

需取消灯光智能控制等辅助系统主机，统一接入辅助测控单元。

2）优缺点。

a）特点及优势：架构扁平化。参照变电站二次系统测控单元设计理念，取消灯光智能控制等辅助系统主机，灯具控制模块通过通信方式接入辅助测控单元，统一上传，减少信息传递和接口层级。

监控信息全采集。实现辅助系统监控信息、异常报警、设备状态等信息采集，并通过同一个界面集中展现。

b）缺点及存在的不足：①采用通信将数据上送至辅助测控单元，若通信中断，将导致无法有效监控。②辅助测控单元开发周期长。

3）技术成熟度及难点。

技术上成熟，可以实现。

难点是研发辅助测控单元与灯具控制模块间的通信接口。

（3）推进灯光智能控制系统与其他系统间的联动。

1）现状及需求。

变电站灯光智能控制系统智能化水平不高，信息未接入监控后台，与其他辅助子系统未实现联动。

灯光智能控制系统及其他辅助子系统接入一体化智能监控平台，实现子系统之间的联动功能。

2）优缺点。

a）特点及优势：①实现灯光、视频、安防等系统信息共享互通，一体化监控平台对各类信息进行综合分析和研判，安防等告警动作时，监控平台可自动实现多系统联动。②站内辅助系统全部接入Ⅲ区网络，增加后台Ⅲ区服务器，通过一体化平台实现灯光智能控制系统、视频系统、安防系统之间联动，可利用Ⅲ/Ⅳ区网络覆盖范围大的特点，便于一体化平台后期功能扩展各辅助系统。

b）缺点及存在的不足：①辅助子系统间联动需借助一体化智能监控平台实现，但产品开发处于起步发展阶段，对Ⅲ区服务器数据处理能力要求较高。②灯光智能控制系统与一、二次设备告警信息联动，一、二次设备告警经Ⅱ区服务器通过正向隔离装置后传至Ⅲ区服务器实现。Ⅱ/Ⅲ区正向隔离装置不稳定，存在数据丢失现象，且Ⅲ区服务器处理数据量大，性能要求高。

3）技术成熟度及难点。

技术上成熟，可以实现。但产品开发处于起步发展阶段，各设备制造厂家需重新设计软件系统，配置、调试联动逻辑。

3.6　环境监控系统

3.6.1　设备简述

变电站环境监控系统通过对变电站内温湿度、微气象、溢水、SF_6 气体浓度等环境信息的实时监测，可实现对空调通风设备智能控制，保障变电站设备安全可靠运行。

环境监控系统的功能包括 4 部分：

（1）监测站内保护小室、高压设备室内等场所的温湿度。

（2）监测含 SF_6 设备的配电室气体浓度。

（3）监测电缆沟、电缆夹层、污水井、集水井溢水情况。

（4）控制站内空调通风系统运行。

环境监控系统原理是依靠分布的环境监测传感器，采集站内各项环境信息，统一汇集到环境采集主机，站端智能辅助控制系统平台根据环境量超标情况，联动控制空调、风机等设备，改善站内设备运行环境，环境监控系统结构图如图 3-56 所示。

（1）水浸探测器。变电站内水浸探测器用于监测电缆沟、电缆夹层、污水井、事故油池、集水井溢水情况。常用的设备主要分为非接触式水浸探测器和接触式水浸探测器，如图 3-57、图 3-58

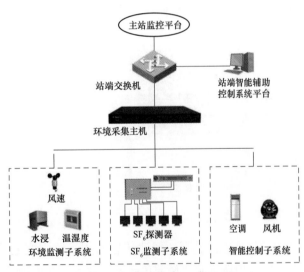

图 3-56　环境监控系统结构图

所示。非接触式光电水浸探测器利用光在不同介质截面的折射与反射原理进行检测。接触式水浸探测器利用液体导电原理进行检测。探测器下方放置有 LED 和光电接收器，当探测器置于空气中时，因全反射，绝大部分 LED 光子被光电接收器接收，当靠近半球表面时，由于光的折射，光电接收器接收到的 LED 光子将会减少，从而输出也发生改变。

图 3-57　非接触式水浸探测器

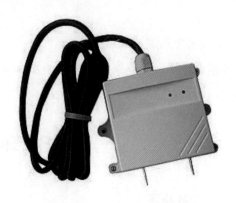

图 3-58　接触式水浸传感器

（2）温湿度传感器。温湿度传感器用于监测二次设备室、变压器室、电容器室、开关室、独立通信室等重要设备间的温湿度信息。温湿度传感器利用各种物理性质随温度变化的规律把温度转换为可用输出信号。

温湿度传感器主要分为热电偶式、热敏电阻式、数字式等。湿度传感器主要有电阻式、电容式两类。湿度传感器的特点是在基片上覆盖一层用感湿材料制成的膜，当空气中的水蒸气吸附在感湿膜上时，元件的电阻率和电阻值都发生变化，利用这一特性即可测量湿度，温湿度传感器如图 3-59 所示，温湿度传感器原理图如图 3-60 所示。

图 3-59　温湿度传感器

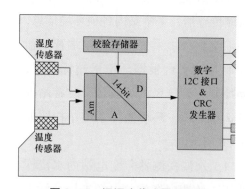

图 3-60　温湿度传感器原理器

（3）风速传感器。风速传感器用于监测变电站内风力大小。一般安装在楼顶，变电站内一般采用螺旋桨式风速传感器。它主要是由螺旋桨叶片、传感器轴、传感器支架以及磁感应线圈等组成。它利用的是流动空气的动能来推动传感器的螺旋桨旋转，然后通过螺旋桨的转速求出流过传感器的空气流速，风速传感器如图 3-61 所示，风速传感器原理图如图 3-62 所示。

（4）SF_6 探测器。SF_6 探测器用于监测 GIS 室、SF_6 断路器开关柜室等含有 SF_6 设备的配电装置室内的 SF_6 气体浓度。

图 3-61 风速传感器

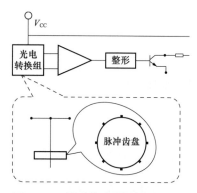

图 3-62 风速传感器原理图

SF_6 探测器常用监测原理主要有两种：电击穿技术和红外光谱吸收技术。电击穿的工作原理是根据 SF_6 气体绝缘的特性，从置于被检测空气中的高压电极间电压的变化来判断空气中是否含有 SF_6 气体；红外光谱吸收技术（又称激光技术）的原理是 SF_6 作为温室气体，对特定波段的红外光有很强烈的吸收特性，红外 SF_6 探测器内部结构如图 3-63 所示，红外 SF_6 探测器原理如图 3-64 所示。

图 3-63 红外 SF_6 探测器内部结构

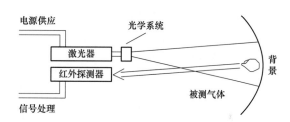

图 3-64 红外 SF_6 探测器原理

3.6.2 主要问题分类

（1）按问题类型分类。通过广泛调研，共提出变电站环境监控系统主要问题 11 个大类、28 个小类，变电站环境监控系统问题分类如表 3-23 所示，环境监控系统主要问题占比（按问题类型）如图 3-65 所示。

表 3-23　　　　　　　　变电站环境监控系统问题分类

问题分类	占比（%）	问题细分	占比（%）
集中监控不完善	21	监控中心无法远程控制现场设备	8.0
		采集信息未上传中心	7.0
		无上传通道	3.0
		采集信息未接入测控单元	3.0
未对空调风机的状态监控	18	空调不能智能远控，无法获取空调的工作状态	11.0

续表

问题分类	占比（%）	问题细分	占比（%）
未对空调风机的状态监控	18	系统无法获取风机的工作状态	7.0
联动功能不完善	17	温湿度未与风机、空调联动	9.0
		水泵未与溢水报警联动	3.0
		通风系统未与SF$_6$告警联动	3.0
		通风系统未与烟感、火灾报警系统联动	2.0
无微气象监测系统	10	现场无环境或气象监测系统	6.0
		无风速监测	4.0
空调长期不间断运行，影响使用寿命	9	空调未根据环境情况自动启停，长时间不间断运行影响设备寿命	5.0
		普通空调效果差	4.0
水浸传感器可靠性差	7	水浸传感器未采用耐腐蚀性材料	4.0
		水浸传感器接线腐蚀、锈化严重，影响信号传输	2.0
		空调漏水，普通传感器无法报警	1.0
水浸设备选型不合理	8	水浸传感器无法监测水位	5.0
		积水井发生倒灌，无法确认水位情况	3.0
土建设计问题	3	风道设计不合理	1.0
		建筑物结构设计不合理	1.0
		排水管道不完善，不能往站外排水	1.0
设备噪声大，无噪声监测手段	2	开关室内设置噪声监测传感器	1.0
		通风系统噪声大，扰民	1.0
空调通风设备安装数量不足	2	部分室内未安装通风设备或空调	2.0
其他	3	空调监控软件经常死掉，需要重启	1.0
		现场设备手动控制烦琐	1.0
		采集、控制量多，单台设备无法满足	1.0

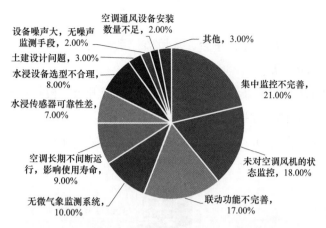

图 3-65 环境监控系统主要问题占比（按问题类型）

（2）按电压等级分类。环境监控系统问题按电压等级统计，35kV 变电站问题数量 15 个，占 15%；110kV 变电站问题数量 45 个，占 46%；220kV 变电站问题数量 23 个，占 23%；500kV 变电站问题数量 10 个，占 10%；其他等级变电站问题 6 个，占 6%，主要问题占比（按电压等级）如图 3-66 所示。

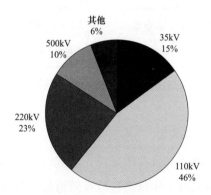

图 3-66 环境监控系统主要问题占比（按电压等级）

3.6.3 可靠性提升措施

（1）实现环境信息集中监控。

1）现状及需求。

目前变电站温湿度、水浸、SF_6 监测、微气象、溢水和空调通风等系统均独立设置，没有统一的监控平台，采集的数据没有明确的上传目标和规范，运维人员无法集中监控，无法实现系统间的联动。

需要建立统一的变电站一体化智能监控平台，实现变电站温湿度、水浸、SF_6 监测、微气象、溢水和空调通风等系统的监测、控制和联动，提升运维效率和设备运行可靠性。

案例：2012 年，110kV 某变电站由于变电站溢水报警监控系统未接入辅助监控系统，无法及时发现系统缺陷，造成变电站电缆沟大量积水，导致线缆极易老化。

2）具体措施。

a）建设变电站一体化智能监控平台，环境监控系统纳入一体化监控平台统一管理，环境监控系统结构如图 3-67 所示。

b）变电站各类环境信息采集传感器数据通过开入或开出、模拟量直接接入辅助测控单元，统一上传至一体化智能监控平台。

c）辅助测控单元应支持 DL/T 860（IEC 61850）规约协议上传至变电站一体化智能监控平台。

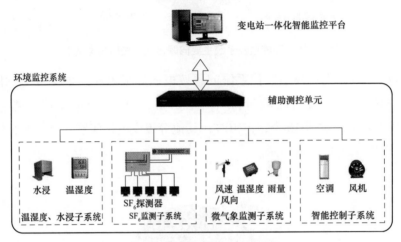

图 3-67　环境监控系统结构图

（2）完善空调风机的状态监控。

1）现状及需求。

变电站设计采用的空调风机不具备智能远控、装置自检的功能，无法获取空调风机的工作状态，监控系统无法对空调风机工作状态进行有效监控，给运维人员造成不便。大部分变电站风机控制使用空气开关，风机无控制箱。

需要采取有效提升措施，对空调风机工作状态进行监控。

案例 1：2014 年，110kV 某变电站高压开关室通风系统，靠人员手动进行通风，没有实现自动调控通风控制系统，风机控制开关如图 3-68 所示。

案例 2：220kV 某变电站，风机实际工作情况监控不完善，不能监测风机实际运转情况。

2）具体措施。

a）增加风机控制箱，与辅助测控单元连接，通过一体

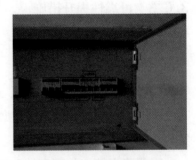

图 3-68　风机控制开关

化平台实现远方控制风机启停、与其他系统联动。风机控制箱可设置远方 / 就地控制模式，并能设置联动优先级。

b）在风机控制箱内应加装电流互感器。一体化平台监测风机工作电流，进而判断风机启动和停止状态。

c）采用工业级空调并具备智能控制接口，实现空调的工作状态、工作模式等信息采集和控制。

d）潮湿地区变电站可配置工业除湿机。

（3）完善环境监测与空调通风系统的联动功能。

1）现状及需求。

变电站安装了环境监测设备和空调通风设备，但大多数系统缺乏可靠、完善的联动机制。监测系统和控制系统相对独立，无法根据现场异常情况进行有效控制，智能化程度不高。发生异常后由于不能及时自动联动控制，会影响设备运行，严重的可能引发事故。

需实现变电站温湿度等环境监测信息和空调通风等设备的联动，及时处理现场异常，提升运维效率和设备运行可靠性。

案例：2016 年 8 月 15 日，110kV 某变电站运维人员进行现场巡视工作，进入配电室发现温度较高，随即查看温度计发现室内温度高达 40 多摄氏度，已威胁电力设备的正常运行，打开空调及门窗予以散热。现场未实现温湿度与空调联动功能。

2）具体措施。

a）完善微气象告警联动功能。通过微气象装置监测到异常气象情况后，与其他系统进行联动。如风量、雨量达到一定程度时，停止机器人自动巡视；其他传感器监测到异常情况时，与微气象系统监测数据进行综合分析，再采取针对性的联动策略。

b）在子系统间进行联动控制。监测到变电站环境温湿度变化，通风系统提供有效应对，温湿度超限自动启动变电站空调、风机，并根据温湿度数值对应调整空调模式、温度。

（4）增加微气象在线监测。

1）现状及需求。

变电站所在地区的恶劣气候（暴风、暴雨等）对电力设备安全稳定运行会产生影响，但是大部分变电站未对所在区域气候环境进行监测，无法掌握变电站所在地的微气候。

需要增加微气象在线监测，使运维人员及时准确掌握所在区域变电站的气候环境信息。运维人员可根据天气情况，采取针对性措施。

案例 1：2011 年 2 月，220kV 某变电站所在地区出现雨加雪，风力七级。某变电站 220kV 东母线 A 相北端第一支柱绝缘子上下两节断裂，造成 A、C 相短路，如图 3-69 所示。

案例 2：2012 年 7 月，南方某地区迎来持续三天的大暴雨。该地区共有 1 座 500kV、10 座 220kV、9 座 110kV、2 座 35kV 变电站出现积水，其中 4 座 220kV 变电站积水特别严重，所幸的是除 110kV 某变电站为保电力设施转移负荷后拉

图 3-69　支柱绝缘子断裂情况

停外，其余内涝变电站仍正常供电，变电站内暴雨倒灌情况如图 3-70 所示。

2）具体措施。

a）在站内开阔场地，远离带电设备安装集成式微气象站，集成式微气象站如图 3-71 所示。对变电站地区风向、风速、雨量、温湿度等环境信息在线监测。当出现异常情况时，系统将以多种方式发出预警信息至一体化监控后台，提醒运维人员重点关注。

b）当出现恶劣天气情况时，给其他系统提供联动信号。如风量、雨量达到一定程度时，机器人不再开展自动巡视。根据室内外温湿度情况，综合判断后与风机空调联动。

集成式微气象装置与单独传感器的性能、可靠性、便利性、后期成本对比如表 3-24 ～表 3-27 所示。

图 3-70　某变电站内暴雨倒灌情况

图 3-71　集成式微气象站

表 3-24　　　　　　　　集成式微气象装置与单独传感器性能对比

性能 ＼ 设备	集成式微气象装置	单独传感器
功能模式	监测信息、记录存储信息、报表分析信息	监测信息
监测对象	风速、风向、雨量、温湿度等多种信息	风速、风向、雨量、温湿度等信息之一
输出	各传感器均可输出模拟量	模拟量
测量范围	温度：–50 ～ 150℃ 湿度：0 ～ 100%RH 风速：0 ～ 75m/s 风向：0° ～ 360° 雨量：0 ～ 999.9mm	温度：–50 ～ 150℃ 湿度：0 ～ 100%RH 风速：0 ～ 75m/s 风向：0° ～ 360° 雨量：0 ～ 999.9mm
解析度	温度：0.1℃ 湿度：1%RH 风速：0.1m/s 风向：2.5° 雨量：0.1mm	温度：0.1℃ 湿度：1%RH 风速：0.1m/s 风向：2.5° 雨量：0.1mm

续表

性能＼设备	集成式微气象装置	单独传感器
准确度	温度：±0.1℃ 湿度：±2%RH 风速：±0.3m/s 风向：±5° 雨量：±0.2 mm	温度：±0.1℃ 湿度：±2%RH 风速：±0.3m/s 风向：±5° 雨量：±0.2 mm
材质	塑料、合金或 304 不锈钢	塑料、合金或 304 不锈钢

表 3-25　　　　　　集成式微气象装置与单独传感器可靠性对比

可靠性＼设备	集成式微气象装置	单独传感器
故障率	故障概率低	故障概率低
故障检修时间	可部分模块更换，检修时间短	需整体更换，检修时间短
问题及主要缺陷	集成式设备，技术集成度较高	无法记录存储数据，报表分析数据

表 3-26　　　　　　集成式微气象装置与单独传感器便利性对比

便利性＼设备	集成式微气象装置	单独传感器
安装便利性	集成式设备安装方便	分散安装相对复杂
运维便利性	集中维护，维护简单	设备分散，较集成式微气象站复杂
检修便利性	检修基准周期为 3 年，包含设备外观、监测精度、量程等工作	检修基准周期为 3 年，包含设备外观、监测精度、量程等工作
更换改造便利性	可部分模块更换	整体更换

表 3-27　　　　　　集成式微气象装置与单独传感器后期成本对比

后期成本＼设备	集成式微气象装置	单独传感器
运维成本	设备集中，运维相对简便	设备分散，运维相对复杂
检修成本	检修基准周期为 3 年，包含设备外观、监测精度、量程等工作	检修基准周期为 3 年，包含设备外观、监测精度、量程等工作
更换成本	可部分模块更换	一旦损坏整体更换

由表 3-24～表 3-27 可见，从产品性能角度考虑，推荐采用集成式微气象站。

在气候变化不大，变电站数量较多的地区，为避免信息资源重复建设，可在此地区变电站集中区域，有选择性建设集成式微气象站。

不同地理环境的气候变化都有不同特点，建设微气象监测装置应考虑地理环境特点对气候变化影响的差异性，有选择性建设。

（5）优化空调选型。

1）现状及需求。

目前变电站大部分使用的是家用空调，寿命短，故障率高，且不带智能监控接口，无法远程监测空调状态，个别智能变电站通过带 RS485 接口的红外空调遥控器进行远程控制。此方式缺点是安装调试复杂，且只能单向控制，无法获取空调工作模式、设定温度等各种参数。

变电站需配置带智能接口的工业级空调，实现长寿命、低故障率、远程监控的目标。

案例1：现场空调无法远程设置工作模式和获取空调工作状态，对运维工作带来了较大困难。

案例2：家用普通分体式空调设计使用强度底、寿命短，无法满足变电站内冬、夏两季24h 连续运行的要求。运维人员需要经常对空调进行维护。

2）具体措施。

a）采用具有智能监控接口的工业空调，如图 3-72 所示。可实时获取空调详细运行状态信息，并可对单台或多台同时下发各种控制命令，如启停、设置工作模式、风速、温度等。

图 3-72　工业空调

b）工业空调状态信息必须上送至一体化智能监控平台，实现对空调运行状态进行远程状态监控。

普通空调、工业空调和精密空调的性能、可靠性、便利性、后期成本对比如表 3-28～表 3-32 所示。

表 3-28　　　　　　　　普通空调、工业空调和精密空调性能对比

设备 性能	普通空调	工业空调	精密空调
恒温恒湿功能	无	无	有

续表

性能＼设备	普通空调	工业空调	精密空调
智能监控接口	无	有	有
能效比	2.6～3.0	2.8～3.2	3.3 以上
空气过滤功能	无	无	中效过滤以上
换气能力（次 /h）	5～15	10～20	30～60
风速	低	中	高
送风方式	单一	单一	多种方式
是否有凝露现象	有	少	无

表 3-29　　　　　　普通空调、工业空调和精密空调可靠性对比

可靠性＼设备	普通空调	工业空调	精密空调
长期不间断运行	稳定性差	稳定性较好	稳定性极好
使用寿命	3 到 5 年	5 到 8 年	10 年以上
断电后自动恢复	无	有	有

表 3-30　　　　　　普通空调、工业空调和精密空调便利性对比

便利性＼设备	普通空调	工业空调	精密空调
安装便利性	安装简单	安装简单	安装较复杂
维修便利性	维修方便	比普通空调复杂	维修复杂，需要专业人员维修

表 3-31　　　　　　普通空调、工业空调和精密空调一次性建设成本对比

建设成本＼设备	普通空调	工业空调	精密空调
采购成本（12kW 以下）	低	中	无产品
采购成本（12kW 以上）	无产品	中	高
安装成本	低	低	高
调试成本	无	低	高

表 3-32　　　　　　　　普通空调、工业空调和精密空调后期成本对比

后期成本 \ 设备	普通空调	工业空调	精密空调
相同制冷量运行成本	约精密空调的 1.5 倍	约精密空调的 1.2 倍	1 倍
维护成本	低	低	高

由表 3-32 可见，工业空调一次性采购、安装调试成本较普通空调高，但性能、寿命等均优于普通空调，且可实时监控空调状态，并可准确控制空调各项工作参数，减轻运维人员工作量，综合效益高。精密空调虽然性能较好，但采购、维护成本高，综合效益不如工业空调。

因此，变电站建议采用工业空调。

（6）提升水浸传感器可靠性。

1）现状及需求。

在上一代变电站智能辅助控制系统中，所采用的水浸传感器材质参差不齐，劣质材质传感器在长期潮湿环境下极易出现氧化情况，造成溢水探测灵敏度降低、误报率升高。

需要对水浸传感器材质提出抗氧化、防腐蚀、防锈要求，保证溢水探测系统稳定运行。

案例 1：2014 年 3 月，110kV 某变电站溢水报警监测系统，水浸探头经常在沟道潮湿环境中，过早老化，导致灵敏性与可靠性下降，误报率升高。

案例 2：2012 年，220kV 某变电站投运，属无人值守变电站，因站内低洼，夏季连续降雨后，站外积水增多，超过电缆出线封堵措施承受能力，造成站内电缆层进水，设施浸泡，如图 3-73 所示。

案例 3：2013 年 4 月，110kV 某变电站水浸传感器安装过程中，输出引线对接告警信号线缆的熔触点采用简单的防水胶处理，由于长期处于潮湿环境，熔触点出现严重锈化腐蚀，造成水浸传感器信号输出异常，工作人员无法及时了解电缆沟溢水情况。

图 3-73　电缆层进水后造成电缆、墙面、地面浸泡

案例 4：2016 年 6 月 5 日，110kV 某变电站地势较低，有水位超限告警输出，由于水浸探测器安装高度不够，门卫并未引起重视，而后高压室电缆沟道有水溢出，导致变电站电缆浸泡，降低了电缆绝缘强度，如图 3-74 所示。

2）具体措施。

a）采用抗氧化、防腐蚀、防锈材质的水浸传感器，如图 3-75 所示，延长溢水探测系统寿命，保证溢水探测的灵敏度。

图 3-74　电缆沟电缆被浸泡

图 3-75　水浸传感器

b）应采用光电检测方式的水浸传感器，避免探针式传感器电极锈化、腐蚀，阻值变化不明显而产生误报的情况。探针式水浸传感器如图 3-76 所示，光电检测方式的水浸传感器如图 3-77 所示。

图 3-76　探针式水浸传感器

c）采用区域式漏水检测绳实时监测变电站电缆夹层及空调漏水情况。

d）水浸传感器自带输出引线熔触点应进行特殊防潮处理，必要时安装防水接线盒，防止熔触点长期处于潮湿环境而产生信号传输异常。防水接线盒如图 3-78 所示。

e）变电站电缆沟水浸传感器安装宜距离地面 10cm，并安装牢靠。

光电水浸传感器、探针式水浸传感器和区域式漏水检测绳的性能、可靠性、便利性、一次性建设成本、后期成本对比如表 3-33 ～表 3-37 所示。

图 3-77　光电检测方式的水浸传感器

图 3-78　防水接线盒

表 3-33　　光电水浸传感器、探针式水浸传感器和区域式漏水检测绳性能对比

设备 性能	光电水浸传感器	探针式水浸传感器	区域式漏水检测绳
检测原理	利用光在不同介质截面的折射与反射原理进行检测	利用液体导电原理进行检测	利用绳内两根感应线短接原理检测
材质	ABS、合金或不锈钢材质	ABS、合金或不锈钢材质	ABS、合金或不锈钢材质
耐腐蚀性易氧化程度	强	电极易腐蚀、易氧化	感应线易腐蚀
产品特点	产品密封设计,具有高精度、高灵敏度,响应时间快	接触面较小,灵敏度较低	检测面积大,应用于各种环境,检测灵敏度高

表 3-34　　光电水浸传感器、探针式水浸传感器和区域式漏水检测绳可靠性对比

设备 可靠性	光电水浸传感器	探针式水浸传感器	区域式漏水检测绳
故障概率	不易产生故障	电极易腐蚀锈化,故障概率高	感应线受树脂包裹,但与水接触,故障概率稍高于探针式
故障检修时间	需整体更换,时间相近	需整体更换,时间相近	由感应绳和控制器组成,检修时间稍长
问题及主要缺陷	相比较探针水浸传感器价格稍高	电极易氧化锈蚀	不适用电缆沟、污水井

表 3-35　　光电水浸传感器、探针式水浸传感器和区域式漏水检测绳便利性对比

设备 便利性	光电水浸传感器	探针式水浸传感器	区域式漏水检测绳
安装便利性	悬挂安装,简单快捷	壁装或落地安装,简单快捷	感应绳绕墙或空调安装,较复杂
运维便利性	无需运维	检查电极锈化程度	检查感应绳破损情况

续表

设备 便利性	光电水浸传感器	探针式水浸传感器	区域式漏水检测绳
检修便利性	检修基准周期为 3 年，包含设备外观、检测灵敏度等工作	检修基准周期为 2 年，包含设备外观、检测灵敏度等工作	检修基准周期为 3 年，包含设备外观、检测灵敏度等工作
更换改造便利性	整体更换	整体更换	由感应绳和控制器组成，更换稍复杂

表 3-36　光电水浸传感器、探针式水浸传感器和区域式漏水检测绳一次性建设成本对比

设备 建设成本	光电水浸传感器	探针式水浸传感器	区域式漏水检测绳
采购成本	约探针式水浸传感器的 3 倍	1 倍	约探针式水浸传感器的 5 倍

表 3-37　光电水浸传感器、探针式水浸传感器和区域式漏水检测绳后期成本对比

设备 后期成本	光电水浸传感器	探针式水浸传感器	区域式漏水检测绳
运维成本	日常主要开展灵敏度检查	日常主要开展灵敏度检查	日常主要开展灵敏度检查
检修成本	检修基准周期 3 年，包括设备腐蚀、锈化情况检修	检修基准周期 2 年，包括设备腐蚀、锈化情况检修	检修基准周期 3 年，包括设备腐蚀、锈化情况检修
更换成本	本体一旦损坏需整体更换	本体一旦损坏需整体更换	控制器一旦损坏需整体更换 感应绳破损则更换感应绳

由表 3-33 ～表 3-37 可见，电缆沟采用合金或不锈钢材质光电式水浸传感器，相比较探针式水浸传感器成本有所增加，但其使用寿命更长，抗氧化、防腐蚀能力更强，误报率更低，有利于运维人员正确判断电缆沟溢水情况。电缆夹层或空调采用区域式漏水检测绳，可实时了解漏水情况，防止设备浸泡，提高空调等设备的使用寿命。

因此，变电站电缆沟宜配备合金或不锈钢材质的光电水浸传感器。对电缆夹层或空调周围宜采用区域式漏水检测绳。

（7）合理配置水位和水浸传感器。

1）现状与需求。

变电站智能辅控系统中，水浸传感器普遍采用的是单点式水浸传感器，在长期潮湿环境下极易出现氧化情况，造成溢水探测灵敏度降低、误报率升高，无法了解水位情况。

需要针对新安装溢水传感器，提前考虑实际环境需求，在设计阶段明确传感器类型及设计要求。

案例：500kV 某变电站溢水探测系统采用单点式水浸传感器监测电缆沟溢水情况，但由于无法显示实际水位，水浸传感器一直处于报警状态，手动复位后，造成电缆沟溢水。

2）具体措施。

变电站集水井应安装水位传感器。实时显示水位情况，输出告警信号，并与其他系统联动。

液位水尺传感器、投入式液位传感器和单点式水浸传感器的性能、可靠性、便利性、一次性建设成本、后期成本对比如表 3-38 ～表 3-42 所示。

表 3-38　　液位水尺传感器、投入式液位传感器和单点式水浸传感器性能对比

性能 ＼ 设备	液位水尺传感器	投入式液位传感器	单点式水浸传感器
形态			
测量原理	接触式（浸入式）	投入式安装（投入液体中）	接触、非接触式
供电电源	5 ～ 36V DC	15 ～ 30V DC	5 ～ 36V DC
输出	模拟量	模拟量	开关量
量程	40cm/60cm/80cm	0.3 ～ 100m	无
分辨率	1cm	0.25% ～ 0.5%FS	无
材质	ABS 及 304 不锈钢	ABS 及 304 不锈钢	塑料、合金或不锈钢
使用寿命	3 ～ 5 年	3 ～ 5 年	1 ～ 3 年

表 3-39　　　　　　　　　　　　　可靠性对比

可靠性 ＼ 设备	液位水尺传感器	投入式液位传感器	单点式水浸传感器
故障概率	故障概率低	故障概率低	故障概率高
故障检修时间	需确定主要故障点，较水浸传感器时间长	需确定主要故障点，较水浸传感器时间长	需整体更换，检修时间短
问题及主要缺陷	精度高，量程短	量程精度与水深对应，水位越深精度越高	无水位量程

表 3–40　液位水尺传感器、投入式液位传感器和单点式水浸传感器便利性对比

便利性 ＼ 设备	液位水尺传感器	投入式液位传感器	单点式水浸传感器
安装便利性	水尺在电缆沟固定，较水浸传感器稍复杂	较单点式水浸传感器安装简单	固定水浸传感器即可，安装较简单
运维便利性	维护较水浸传感器复杂	维护较水浸传感器复杂	免维护
检修便利性	检修基准周期为 3 年，包含设备外观、监测精度、量程等工作	检修基准周期为 3 年，包含设备外观、监测精度、量程等工作	检修基准周期为 2 年，包含设备外观、监测灵敏度等工作
更换改造便利性	整体更换	整体更换	整体更换

表 3–41　液位水尺传感器、投入式液位传感器和单点式水浸传感器一次性建设成本对比

建设成本 ＼ 设备	液位水尺传感器	投入式液位传感器	单点式水浸传感器
采购成本（110kV）	高	高	低
采购成本（220kV）	高	高	低

表 3–42　液位水尺传感器、投入式液位传感器和单点式水浸传感器后期成本对比

后期成本 ＼ 设备	液位水尺传感器	投入式液位传感器	单点式水浸传感器
运维成本	运行过程中对水位进行测量，检查传感器精度及量程	运行过程中对水位进行测量，检查传感器精度及量程	无精度及量程，检查设备灵敏度
检修成本	检修基准周期为 3 年，包含设备外观、监测精度、量程等工作	检修基准周期为 3 年，包含设备外观、监测精度、量程等工作	检修基准周期为 2 年，包含设备外观、监测灵敏度等工作
更换成本	一旦损坏整体更换	一旦损坏整体更换	一旦损坏整体更换

由表 3–38 ～表 3–42 可见，使用液位水尺传感器较单点式水浸传感器的成本有所增加，但水位传感器可实时监测水位。而且使用寿命可提高 2 倍以上，减轻一线运维人员的劳动强度，提高运维效率。

因此，在多雨量、低地势区域变电站电缆沟建议选用液位水尺传感器。在集水井较深的变电站建议选用投入式液位传感器。在少雨量、地势高区域的变电站，建议布置单点水浸传感器，输出溢水告警即可。

3.6.4　智能化关键技术

通过广泛调研，提出 5 项智能化关键技术。

（1）推进变电站一体化智能监控平台。

1）现状及需求。

目前，变电站内辅助系统种类繁多，视频、安防、消防、环境、灯光等各辅助系统均独立运行。

需要建立统一的变电站一体化智能监控平台，实现变电站各系统间的监测、控制和联动，提升运维效率和设备运行可靠性。

2）优缺点。

a）特点及优势：①变电站增加辅助测控单元。将环境监测设施前端装置、传感器数据直接接入辅助测控单元，统一上传。②通过一体化智能监控平台实现环境监控系统与排水系统、巡检机器人系统联动。

b）缺点及存在的不足：①辅助系统所有数据全部接入Ⅲ区服务器，数据量大，带宽要求高。②Ⅱ/Ⅲ区正向隔离装置不稳定，存在数据丢失现象。③Ⅲ区服务器处理数据量大，性能要求高。④无法在一台工作站上实现站内主、辅设备的遥控。

3）技术成熟度及难点。

技术上成熟，可以实现。但产品开发处于起步发展阶段，部分单位已探索开发。对各子系统的软硬件接口和通信规约需进行统一，各设备制造厂家需重新设计和开发软、硬件系统。

（2）推动辅助测控单元环境监控功能的研发。

1）现状及需求。

现有的 SF_6 监测子系统、微气象监测子系统均设置有独立主机，各主机分别上送信息。通信规约不统一，通信不稳定，故障率高，数据无法实现交互、共享。

需取消环境监控等辅助系统主机，统一接入辅助测控单元。

2）优缺点。

a）特点及优势：架构扁平化。参照变电站二次系统测控单元设计理念，采取"直采直控"的方式，统一上传，减少信息传递和接口层级。

监控信息全采集。实现辅助系统监控信息、异常报警、设备状态等信息采集，并通过同一个界面集中展现。

b）缺点及存在的不足：采取"直采直控"的方式，将数据直接上送，数据采集模块多，对辅助测控单元硬件要求较高，目前无成熟产品。

3）技术成熟度及难点。

技术上成熟，可以实现。但产品开发处于起步发展阶段，部分单位已探索开发。对各子系统的软硬件接口需进行统一，各设备制造厂家需重新设计环境监控等各辅助系统前端采集装置。

（3）完善环境监控系统联动功能。

1）现状及需求。

变电站环境监控系统智能化水平不高，信息管理及监控模式落后，辅助子系统独立运行，与其他辅助子系统联动功能不完善。

环境监控等各辅助子系统接入一体化智能监控平台，实现子系统之间的联动功能。

2）优缺点。

a）特点及优势：实现主设备、在线监测、辅助、视频、智能巡检机器人等系统信息共享互通，一体化监控平台对各类信息进行综合分析和研判，SF_6 浓度异常、微气象等异常情况发生时，一体化平台可自动实现多系统联动。

站内辅助系统全部接入Ⅲ区网络，增加后台Ⅲ区服务器，通过一体化平台实现消防系统与环境监控系统、视频监控系统、安防系统联动，可利用Ⅲ/Ⅳ区网络覆盖范围大的特点，便于一体化平台后期功能扩展各辅助系统。

b）缺点及存在的不足：辅助子系统间联动需借助一体化智能监控平台实现，但产品开发处于起步发展阶段，对Ⅲ区服务器数据处理能力要求较高。

3）技术成熟度及难点。

技术上成熟，可以实现。但产品开发处于起步发展阶段，各设备制造厂家需重新设计软件系统，配置、调试联动逻辑。

（4）提升变电站空调监控智能化。

1）现状及需求。

变电站空调多为当地手动控制，缺乏远程控制手段，不能实时监测空调的运行状态。运维人员需到现场控制空调，运维工作负担大。站内空调长时间运行，不具备自动调节功能，人工控制较为随意，造成资源浪费，缩短空调使用寿命。空调不能自动根据现场环境情况优化运行方式，整体智能化水平不高。

空调需通过智能控制接口接入辅助测控单元，实时上送空调运行状态，该技术在智能变电站中并未得到充分应用，空调系统结构图如图 3-79 所示。

2）优缺点。

a）特点及优势：①数据上传。工业空调可实时上传空调运行状态（启停、运行模式、设置温度、风速、风扇转速、空调告警等）、室内外温差，并按年、月、日形成监视数据上传至一体化智能监控平台。②远程控制。站外运维班组可远程实现变电站空调设备的温度、模式（制冷、制热、除湿等）、风速设定，以减轻运维人员运维工作压力。③就地感知。智能优化工业空调运行模式。通过环境传感器感知环境状态（如温湿度、气象环境等），例如当室内温度较高时，自动启动空调制冷，直至室温降至设定温度，控制空调转入待机模式。营造舒适的设备运行环境，有利于工业空调的节能和使用寿命的延长。

空调系统

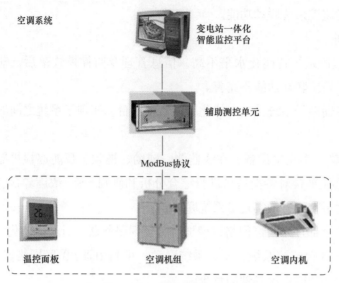

图 3-79　空调系统结构图

b）缺点及存在的不足：需要选用具备智能控制接口的工业空调，并且智能控制接口协议需要开发，工程现场调试难度加大。

3）技术成熟度及难点。

工业空调产品成熟，不存在技术难点。

（5）推广采用单点式激光红外探测技术的 SF_6 传感器。

1）现状及需求。

高压室或 GIS 室 SF_6 泄漏检测传感器普遍采用泵吸式激光红外检测或负电晕放电法两种手段，误报率高、使用寿命短，约 1～2 年。使用 1～2 年后便失去了对 SF_6 泄漏的检测能力，存在安全风险。

需要提高 SF_6 传感器使用寿命和探测精度，提高传感器的可靠性。单点式激光红外探测技术 SF_6 传感器如图 3-80 所示。

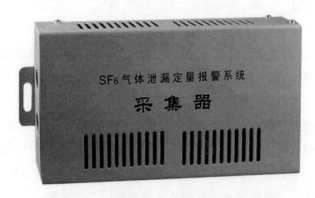

图 3-80　单点式激光红外探测技术 SF_6 传感器

单点式激光红外探测技术 SF_6 传感器工作原理：在常温下分析 SF_6 气体光谱透过率， SF_6 气体在红外有一个以波长 $10.56\,\mu m$ 为中心吸收带，因此通过红外发光源发射 $10.56\,\mu m$ 远红外光，监测 SF_6 气体对红外光的吸收，就可以实现 SF_6 气体的定量监测。 SF_6 红外传感器利用激光器、窄带滤光片、高灵敏低噪声光电探测电路、稳定的光斩波器等先进的设计方法和技术实现了实时、在线高灵敏监测 SF_6 气体浓度，常温下 SF_6 气体光谱透过率如图 3-81 所示。

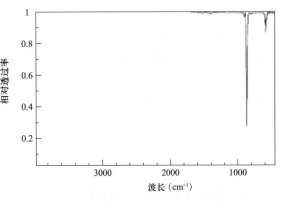

图 3-81　常温下 SF_6 气体光谱透过率

2）优缺点。

a）特点及优势：①单点式激光红外探测技术的 SF_6 传感器检测分辨率达到 1mg/L 量级，而且重复性好，稳定可靠，使用寿命长，定量分析，实现了大范围空间的连续监测，操作简单，故障率少。②单点式激光红外探测技术的 SF_6 传感器对室内 SF_6 浓度进行有效监控，提高了无人值守变电站运行的安全性，特别是为日常巡视和维护人员的人身安全提供了可靠保障。

b）缺点及存在的不足：投入成本较高，是泵吸式激光红外传感器、负电晕放电传感器的 2～3 倍。

c）优缺点比较：泵吸式激光红外传感器、单点分布式激光红外传感器、负电晕放电传感器的性能、可靠性、便利性、一次性建设成本、后期成本对比如表 3-43 ～表 3-47 所示。

表 3-43　泵吸式激光红外传感器、单点分布式激光红外传感器、负电晕放电传感器性能对比

设备 性能	泵吸式激光红外传感器	单点分布式激光红外传感器	负电晕放电传感器
工作原理	分布的传感器通过泵吸气体传送到 SF_6 报警主机，主机集中激光红外检测方式	单点分布的传感器直接采用激光红外检测方式	负电晕放电检测方式
灵敏度	灵敏度高，分辨率可以做到 1mg/L	灵敏度高，分辨率可以做到 1mg/L	精度低
工作模式	轮巡监测，每个采集点需要 3～5min 监测时间，循环一个周期时间较其他原理长	长期在线监测，专用于 SF_6 浓度检测	定时检测，分解 SF_6，分解产物被探头感知
SF_6 监测范围	SF_6 监测范围： 0～3000μL/L	SF_6 监测范围： 0～3000μL/L	SF_6 监测范围： 0～3000μL/L

性能 \ 设备	泵吸式激光红外传感器	单点分布式激光红外传感器	负电晕放电传感器
SF_6 监测精度	SF_6 测量精度：3%FS	SF_6 测量精度：3%FS	SF_6 测量精度：10%FS
检测周期	根据点的多少而定，每个点 3～5min	实时在线监测	实时在线监测
使用寿命	1～2 年	5 年以上	1～2 年

表 3-44　泵吸式激光红外传感器、单点分布式激光红外传感器、负电晕放电传感器的可靠性对比

可靠性 \ 设备	泵吸式激光红外传感器	单点分布式激光红外传感器	负电晕放电传感器
故障率	由于采用电泵，故障概较高	故障概率低	故障概率低
故障检修时间	检修时间长	需整体更换，检修时间短	需整体更换，检修时间短

表 3-45　泵吸式激光红外传感器、单点分布式激光红外传感器、负电晕放电传感器的便利性对比

便利性 \ 设备	泵吸式激光红外传感器	单点分布式激光红外传感器	负电晕放电传感器
安装便利性	安装复杂	安装方便	安装方便
运维便利性	低	高	高
检修便利性	检修基准周期为 1 年，包含设备外观、监测精度、量程等工作	检修基准周期为 3 年，包含设备外观、监测精度、量程等工作	检修基准周期为 2 年，包含设备外观、监测精度、量程等工作
更换改造便利性	更换复杂	更换简单	更换简单

表 3-46　泵吸式激光红外传感器、单点分布式激光红外传感器、负电晕放电传感器的一次性
建设成本对比

设备　　建设成本	泵吸式激光红外传感器	单点分布式激光红外传感器	负电晕放电传感器
采购成本	以 12 个点位的投入成本计算，约需 1.2 倍成本	以 12 个点位的投入成本计算，约需 3 倍成本	以 12 个点位的投入成本计算，约需 1 倍成本

表 3-47　泵吸式激光红外传感器、单点分布式激光红外传感器、负电晕放电传感器的后期
成本对比

设备　　后期成本	泵吸式激光红外传感器	单点分布式激光红外传感器	负电晕放电传感器
运维工作量及成本	设备分散，运维相对复杂	设备分散，运维相对复杂	设备分散，运维相对复杂
检修工作量及成本	检修基准周期为 1 年，包含设备外观、监测精度、量程等工作	检修基准周期为 3 年，包含设备外观、监测精度、量程等工作	检修基准周期为 2 年，包含设备外观、监测精度、量程等工作
更换工作量及成本	更换复杂	更换简单	更换简单

由表 3-43 ~ 表 3-47 可见，从产品性能和全寿命成本考虑，推荐采用单点分布式激光红外 SF_6 传感器。

3）技术成熟度及难点。

采用单点式激光红外探测技术的 SF_6 传感器产品，目前供货较多，大型的制造厂商具备较成熟的技术，并且已经在生产制造过程中使用，不存在技术难点。

3.7　在线监测系统

3.7.1　设备简述

设备在线监测系统可实现在线监测数据采集、传输、后台分析处理、存储及转发至省级在线监测主站等功能，由设备在线监测装置、设备在线监测 IED 和站端在线监测主机（condition information acquisition controller，CAC）组成，在线监测系统架构如图 3-82 所示。

（1）设备在线监测装置。设备在线监测装置是指安装在被监测设备上或附近，用以自动采集、处理和发送被监测设备状态信息，并能通过现场总线、以太网、无线等通信方式进行上传的监测装置。监测装置类型及功能列表如表 3-48 所示。

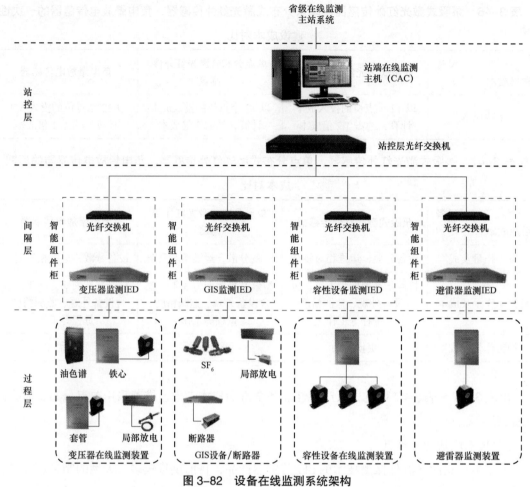

图 3-82 设备在线监测系统架构

表 3-48 监测装置类型及功能列表

监测装置类型	功能
变压器油色谱监测装置	监测变压器油中 H_2、CO、CH_4、C_2H_4、CO_2、C_2H_6、C_2H_2 等特征气体含量
变压器套管监测装置	监测变压器套管泄漏电流、介质损耗、电容量
变压器铁心监测装置	监测变压器铁心电流
变压器局部放电监测装置	监测变压器局部放电量、放电次数
GIS 局部放电监测装置	监测 GIS 局部放电量、放电次数、放电相位
断路器机械特性监测装置	监测断路器开断电流、开断次数、辅助电路线圈电流、机械特性
避雷器监测装置	监测避雷器泄漏电流、阻性电流、容性电流、雷击次数、雷击时间
容性设备监测装置	监测 TA、CVT、耦合电容器泄漏电流、介质损耗、电容量
SF_6 微水压力监测装置	监测 GIS 气室内 SF_6 气体微水、压力
开关柜测温监测装置	监测开关柜触头温度及母排温度

（2）设备在线监测 IED。设备在线监测 IED 是指对在线监测装置数据进行接收和处理，并采用标准化规约（IEC 61850）与站端在线监测主机进行通信的装置，综合监测单元如图 3-83 所示。

图 3-83　综合监测单元

（3）站端在线监测主机。站端在线监测主机实现站内在线监测数据的分析、展示、预警以及装置管理等功能，并与省级在线监测主站进行标准化通信。

3.7.2　主要问题分类

（1）按问题类型分类。通过广泛调研，共提出主要问题 6 大类、23 小类。在线监测装置问题分类如表 3-49 所示，各类在线监测装置问题占比（按问题类型）如图 3-84 所示。

表 3-49　　　　　　　　　　　　　在线监测装置问题分类

问题分类	占比（%）	问题细分	占比（%）
装置故障频发	28.8	传感器故障	7.7
		箱体密封不严	5.8
		油色谱载气不足	5.8
		装置使用寿命短易损坏	3.8
		主板故障	1.9
		软件故障	1.9
		电源模块故障	1.9
装置频繁出现误报、漏报	30.8	系统自动分析诊断功能不完备	15.4
		设备抗干扰能力不足	5.8
		监测结果无法复核	5.8
		阈值设置不合理	1.9
		油色谱谱图峰点偏离正常位置	1.9

问题分类	占比（%）	问题细分	占比（%）
装置通信故障	13.3	通信规约不一致	3.8
		CAC 设备故障	3.8
		通信链路过长	1.9
		交换机故障	1.9
		IED 设备故障	1.9
监测装置配置不规范	13.5	监测装置配置不规范	13.5
安装工艺不良	9.6	安装不到位导致漏气问题	3.9
		安装不到位影响末屏安全	1.9
		安装连接不可靠	1.9
		占用场地空间大	1.9
监测数据未集中监控	4	监测数据未集中监控	4

（2）按装置类型分类。根据所提出的问题，按照装置类型进行分析，除各类在线监测装置本身问题外，其余分别属于共性问题、监测系统问题、信息通道问题。其中，油色谱在线监测装置问题 12 条，占比 23%，监测系统问题 10 条，占比 19%，避雷器在线监测装置问题 7 条，占比 13%。按装置类型分类，各类在线监测装置问题占比（按装置类型）如图 3-85 所示。

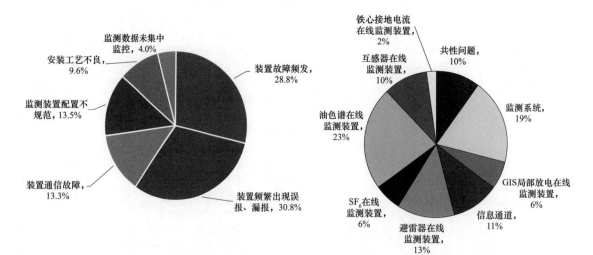

图 3-84 各类在线监测装置问题占比（按问题类型）　　　图 3-85 各类在线监测装置问题占比（按装置类型）

3.7.3　可靠性提升措施

（1）实现在线监测系统信息集中监控。

1）现状及需求。

目前变电站在线监测系统设置独立站端在线监测主机，该主机信息未接入统一监控平台，无法集中监控，无法实现与其他系统间的数据共享。

需要建立统一的变电站一体化智能监控平台，实现变电站在线监测系统数据与主设备运行数据集中监控，提升运维效率。

2）具体措施。

a）建设变电站一体化智能监控平台，将在线监测系统纳入统一管理，变电站在线监测系统结构如图 3-86 所示。

b）油色谱在线监测装置、局部放电在线监测装置等具备直传条件的监测装置应采用 IEC 61850 规约直接上传至一体化智能监控平台，减少中间通信环节。其他各类在线监测装置经综合监测单元上传。

c）SF_6 密度监测等具备直采条件的监测传感器直接接入综合监测单元，由综合监测单元替代在线监测装置进行分析处理。

d）在线监测综合监测单元具备数据采集、存储、分析处理以及与间隔层和站控层通信的功能。与间隔层通信可采用串口、以太网等方式，与站控层通信应采用 IEC 61850 通信方式。

e）一体化智能监控平台主机实现在线监测系统自动诊断分析和装置管理功能。

（2）改善在线监测装置现场运行环境。

1）现状及需求。

目前变电站在线监测户外装置、箱体运行环境恶劣，装置箱体防护措施不足，无法满足现场运行工况要求，造成装置故障频发。

需提升在线监测装置户外防护措施，改善装置现场运行环境，保障装置运行可靠性。

案例：220kV 某变电站在海边 500m 范围内，SF_6 微水压力传感器安装了一年后，发现位于海边一侧的传感器表面被滴水腐蚀老化，如图 3-87 所示。

2）具体措施。

a）将各类在线监测装置综合监测单元安装至就近保护小室内。

b）户外装置的选型应充分考虑设备运行环境，高温地区应采用耐高温、防晒材料；高寒地区应采用耐低温材料；重污染地区应采用防腐材料或做防腐处理。

c）在线监测户外箱体外壳宜采用双层隔热设计，外层可采用防锈的 304 不锈钢板，内层可采用隔热阻燃性良好的玻璃纤维增强不饱和聚酯树脂基复合材料。

d）在线监测户外箱体外壳应喷涂一层太阳热反射涂料，有效降低表面温度。

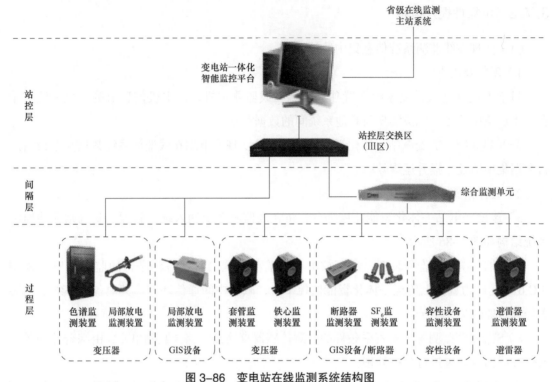

图 3-86　变电站在线监测系统结构图

e）在线监测户外装置及箱体的防尘、防水等级应不低于 IP55 防护等级。

f）在线监测户外箱体顶部宜装设分体式遮阳板，遮阳板与箱体之间设计风道，防止遮阳板热量传入箱内。遮阳板应安装牢固可靠。

g）在线监测装置的部件应加装冷轧钢板镀锌等方式的屏蔽层并可靠接地，防止电磁干扰，在线监测装置加装屏蔽层，如图 3-88 所示。

图 3-87　SF_6 微水压力传感器腐蚀严重

图 3-88　在线监测装置加装屏蔽层

h）在线监测户外箱体在设计阶段应统一考虑设置至背阴处，避免阳光直射。箱内若含不耐高温的电路板卡宜安装工业级空调。

（3）提升在线监测装置质量。

1）现状及需求。

部分在线监测装置在投运 1 ～ 2 年内即发生故障，占总故障率的 70% 以上，装置故障率最高达 0.237 次 / 台·年。传感器、装置配件、电源模块、软件等方面问题是监测装置故障的主要原因，占总故障数的 50% 以上。

需提升在线监测装置质量，降低故障率。

案例 1：1000kV 某变电站 3 号联络变压器 C 相光声光谱型油色谱在线监测装置投运不足两年就出现就地柜底部油管处主变压器油渗漏问题，如图 3-89 所示。经过厂家技术员排查后，判定非简单连接处松动或密封圈老化引起，无法通过更换配件进行修复，需要对整机进行更换才能解决此问题。

案例 2：220kV 某变电站部分装置数据中断，经诊断是电源模块损坏，如图 3-90 所示。部分监测装置的电源模块在强电磁干扰环境下易损坏，存在安全隐患。

图 3-89　1000kV 某变电站 3 号
联络变压器 C 相油色谱渗漏油

图 3-90　在线监测装置电源
模块损坏

案例 3：220kV 某变电站监测装置在雷雨季陆续发现有设备损坏。经诊断，损坏原因主要为雷击浪涌电流过大引起的电流传感器损坏。

案例 4：500kV 某变电站变压器油色谱在线监测装置平均一年更换两次载气瓶，维护工作量大，原先进返油采用单气缸方式，造成载气使用量大，一瓶 8L 载气仅可进行约 200 次检测，经改用双气缸结构后，大量节省了载气使用量，检测次数提升至 400 次以上，油色谱在线监测装置双气缸结构如图 3-91 所示。

2）具体措施。

a）采购阶段应明确在线监测装置及其组件

图 3-91　油色谱在线监测装置双气缸结构

质保期至少达 3 年及以上，宜采用免维护产品。

b）各类在线监测装置电源板电磁兼容的共模电压应达到 5kV，差模电压应达到 3kV，绝缘耐压应达到 3kV。

c）避雷器在线监测装置电流传感器在一次侧的雷电冲击电流达到 20kA 时，传感器不应损坏。

d）在线监测综合监测单元的电路板必须采用集成化设计，以提高运行稳定性。

e）变压器油色谱在线监测装置宜采用动力气缸作为定量气缸的动力源，以减少耗气量，提高载气的使用次数。

f）在线监测装置应实现各部件的故障自诊断功能，包括电源、主板、传感器的故障自诊断和定位。

g）在线监测装置应实现系统故障自重启以及软件故障自修复功能。

h）在线监测装置各类告警与故障信息应上传至一体化后台。

（4）提高在线监测系统告警准确率。

1）现状及需求。

目前，在线监测系统普遍存在误、漏报警频繁，告警准确率低，监测装置本体及通信故障无法告警的问题。

需提升在线监测系统告警的准确率和可靠性。

案例 1：500kV 某变电站Ⅳ母线 TV 在线监测系统无法及时提取一次设备运行状态信息，因一次设备运行方式转变（例如母线切换、停运、热备用等）导致触发大量误告警，500kV 某变电站Ⅳ母线 TV B 相曲线图如图 3-92 所示。

图 3-92　500kV 某变电站 Ⅳ 母线 TV B 相曲线图

案例 2：对部分设备因结构功能造成的数据超标，无法调整报警阈值，导致频频报警，如 500kV 某变电站变压器夹件接地电流，因设备结构原因，夹件电流大于 100mA，但属于正常现象，系统无法对该情况进行判断，导致频频报警，如图 3-93 所示。

案例 3：220kV 某变电站 1 号主变压器例行试验发现油中乙炔 62μL/L，内部存在严重的放电性缺陷，但油色谱在线监测未告警，出现严重的漏报事件。经分析排查在线监测装置色谱谱图存在严重的偏移、峰重叠等现象，导致检测数据失真，相关特征气体未被系统识别，油色谱在线监测装置谱图如图 3-94 所示。

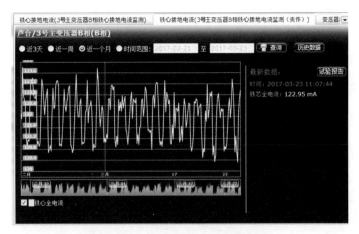

图 3-93　500kV 变压器夹件接地电流

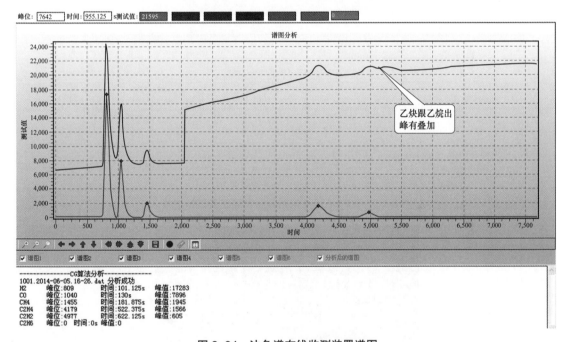

图 3-94　油色谱在线监测装置谱图

案例 4：500kV 某变电站某避雷器从 2017 年 2 月 1 日至 3 月 1 日在线监测数据随环境温度的波动较大，避雷器监测数据曲线如图 3-95 所示。如果不结合环境工况数据，易出现避雷器误告警。

案例 5：220kV 某变电站避雷器在线监测装置因受环境及绝缘子表面污秽影响，导致监测电流偏差较大，避雷器底座处增加屏蔽环后，监测电流准确度达到要求，如图 3-96 所示。

案例 6：220kV 某变电站 GIS 设备在现场运行中，局部放电传感器容易接收到外界干扰信号，各种外部特高频信号容易透过橡胶带被传感器接收，造成信号混淆、参差不齐、诊断误断等问题，同时橡胶带长期曝晒，容易变形，导致传感器脱落以及贴合不紧，影响信号接收，GIS 局部放电传感器屏蔽安装方式如图 3-97 所示。

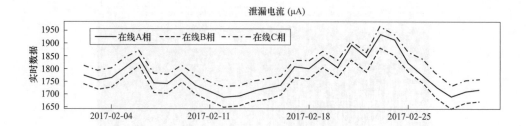

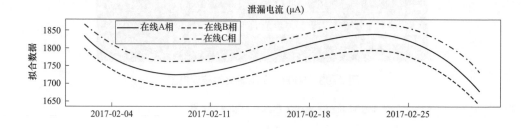

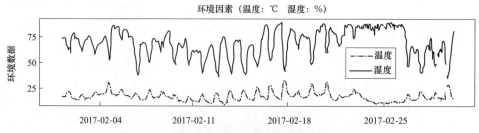

图 3-95　500kV 某变电站某避雷器监测数据曲线

图 3-96　避雷器底座处加装屏蔽环

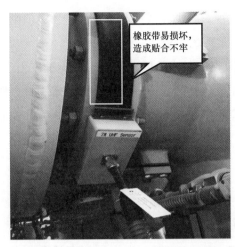 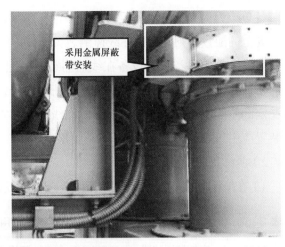

图 3-97　GIS 局部放电传感器屏蔽安装方式

2）具体措施。

a）一体化平台在线监测模块应能结合电网运行状态（电压、电流、潮流及运行方式等）数据分析设备的健康状况，提高监测告警的准确性。

b）一体化平台应能进行告警阈值差异化动态配置。

c）一体化平台应实现在线监测装置通信异常自诊断并告警的功能。

d）一体化平台应采集油色谱在线监测装置载气压力数据并实现欠压告警功能。

e）变压器油色谱在线监测装置应具备油色谱检测数据失真（峰点重叠或偏移）告警并上传功能。

f）一体化平台在线监测模块应实现容性设备末屏断线自动分析告警功能，以便及时发现末屏断线故障。

g）容性设备在线监测装置应具有三相数据比较分析功能，有效减少外界因素对三相数据同时波动引起的误告警。

h）在线监测电流传感器应采用双层屏蔽技术，外层宜采用电工纯铁屏蔽低频干扰，内层宜采用铝箔屏蔽高频干扰。

i）一体化平台在线监测模块应能根据环境工况实现避雷器在线监测数据的自动拟合修正功能。

j）安装避雷器在线监测装置时宜在避雷器底座处加装屏蔽环并接地，使避雷器外表面泄漏电流通过屏蔽环接地流出，降低因湿度与污秽产生的外表面泄漏电流对避雷器泄漏电流监测的影响，提高监测装置的抗干扰性能。

k）GIS 局部放电在线监测装置传感器应采取加装金属屏蔽带等屏蔽措施，提高抗干扰能力。

（5）规范在线监测装置配置。

1）现状及需求。

各单位为提高变电设备运行的可靠性，越来越重视对各类在线监测装置的配置，但由于没有规范的配置原则，导致在线监测装置配置不能满足现场需求。

需统一规范各类变电设备在线监测装置的配置原则，对成熟的监测技术加大推广力度，对尚不成熟的技术暂缓推广。通过应用情况分析，比较各类装置原理，遴选出技术先进、质量稳定的监测装置，推动成熟稳定的在线监测技术应用，有效发现主设备缺陷，提升在线监测装置应用效果。

2）具体措施。

a）在线监测装置应用情况分析如表 3-50 所示。

表 3-50 在线监测装置应用情况分析

变电设备	在线监测装置	应用情况	配置建议
变压器	油色谱在线监测装置	油色谱在线监测运行较稳定，技术较为成熟，能有效发现和预警变压器内部故障	建议根据变压器重要性进行选配
	套管绝缘在线监测装置	套管在线监测由于原理存在缺陷，检出效果不明显，其结果仅能用于趋势分析参考，同时存在末屏断线的风险	不建议配置
	变压器铁心接地电流在线监测装置	变压器铁心接地电流在线监测对判断变压器内部多点接地故障有一定作用，技术较成熟，稳定性高	建议根据变压器重要性进行选配
	变压器局部放电在线监测装置	变压器局部放电在线监测传感器抗干扰性能差，故障检出率与传感器布点密切相关，整体检测效果不明显，缺陷发现率低	不建议配置
GIS 和断路器	SF_6 微水压力在线监测装置	SF_6 微水测量误差大，缺陷发现率较低。建议仅选用具有远传功能的密度传感器	不建议配置 SF_6 微水在线监测，远传密度传感器建议选配
	断路器机械性能在线监测装置	断路器机械性能在线监测的监测量与机械性能缺陷的对应关系无判别依据，整体检测效果不明显，缺陷发现率低	建议不配置
	GIS 超高频局部放电在线监测装置	GIS 超高频局部放电在线监测外置式传感器抗干扰性能差，整体检测效果不明显，缺陷发现率低	不建议配置，建议根据 GIS 设备重要程度选择预埋内置式传感器
	GIS 超声波局部放电在线监测装置	超声 GIS 局部放电传感器的灵敏度低，无法正常区分故障信号和背景干扰量，在应用中出现较高的误报率	不建议配置
金属氧化物避雷器	金属氧化物避雷器在线监测装置	避雷器在线监测能及时发现避雷器内部受潮，虽受外界干扰严重，但采用抗干扰措施后实用性仍较强，缺陷发现率较高	根据设备重要程度选配

变电设备	在线监测装置	应用情况	配置建议
容性设备	容性设备在线监测装置	容性设备在线监测由于原理存在缺陷，检出效果不明显，其结果仅能用于趋势分析参考，同时存在末屏断线的风险	不建议配置
开关柜	开关柜测温在线监测装置	测温技术成熟，但其不可移动，监测有死角，无线通信不稳定，同时存在安全隐患，运维困难，装置性价比不高	不建议配置

b）选型对比分析：①油色谱在线监测技术对比如表 3-51 所示。②变压器铁心接地在线监测装置选型对比分析如表 3-52 所示。③金属氧化锌避雷器在线监测装置选型对比分析如表 3-53 所示。

表 3-51　　　　　　　　　　　　油色谱在线监测技术对比

原理 项目	单组分气体的检测技术	气相色谱技术	红外光谱技术	光声光谱技术	阵列式气敏传感器技术
通用性	一般，检测特定气体	很好	较好，H_2 无吸收	较好，H_2 无吸收	较好，检测特定气体
灵敏度	比气相色谱差	好	比气相色谱差	与气相色谱相当	所有技术中最差
气路结构	简单	复杂	一般	一般	简单
是否需要载气瓶	无	需要	无	无	无
安全性	安全	安全	安全	安全	安全
故障率	与气相色谱相当	较低	比气相色谱高	与气相色谱相当	比气相色谱高
问题及主要缺陷	传感器易老化衰减，渗透膜易老化	载气需定期更换，色谱柱易故障，基线易漂移	光学元件对油蒸汽污染敏感	对油蒸汽污染敏感	传感器易衰减、漂移，标定较复杂
采购成本	4 万～6 万元	8 万～10 万元	35 万～40 万元	20 万～24 万元	8 万～10 万元
运维便利性	简单	简单	较复杂	较复杂	简单
维护工作量	所有技术中最低	较大	比气相色谱低	比气相色谱低	比气相色谱低
综合性价比排名	3	1	4	2	5

表 3–52   **变压器铁心接地在线监测装置选型对比分析**

传感器分类 / 项目	电磁式电流传感器	基于霍尔效应式电流传感器
应用范围	应用较广	应用较少
灵敏度	较好	与电磁式电流传感器相当
抗干扰性	较差，易受电磁场干扰影响	较好
安全性	较安全	较安全
故障率	一般	故障率约为电磁式电流传感器的 2 倍
运维便利性	简单	较复杂
采购成本	低	高
维护成本	低	比电磁式电流传感器高
综合性价比排名	1	2

表 3–53   **金属氧化锌避雷器在线监测装置选型对比分析**

项目 / 设备	补偿法	基波法	全电流法	谐波分析法
灵敏度	比谐波分析法高	比谐波分析法低	比谐波分析法低	较高
抗干扰能力	比谐波分析法差	比谐波分析法差	比谐波分析法差	一般
准确性	比谐波分析法差	比谐波分析法差	所有技术中最差	较高
环境适应能力	较差	较差	较差	较差
对设备安全性	安全	安全	安全	安全
通信故障	一般	与补偿法相当	约为补偿法 1.9 倍	约为补偿法 1.3 倍
本体故障	约为基波法 1.5 倍	一般	约为基波法 7.7 倍	约为基波法 1.5 倍
软件故障	约为谐波分析法的 1.4 倍	约为谐波分析法的 2.3 倍	约为谐波分析法的 3.6 倍	一般
传感器故障	约为基波法的 1.7 倍	一般	约为基波法的 3.5 倍	约为基波法的 1.4 倍
问题及主要缺陷	相间耦合电容对检测准确度有影响	系统谐波电流中的容性电流成分对检测准确度有影响	传感器部分较差，装置故障率高	相间干扰无法消除
安装便利性	较复杂	较复杂	设备结构单一，安装简单	较复杂
维护工作量及成本	内部结构复杂，维护成本较高	内部结构简单，维护成本较低	故障率较高，维护工作量较大，运维成本相对较高	内部结构简单，维护成本较低
综合性价比排名	4	2	3	1

c）优缺点分析及选型建议。

①油色谱在线监测装置。单组分油色谱在线监测装置。优点：结构简单、成本低、维护量少、可实时监测；缺点：只能检测特定气体或可燃性气体，无法准确分析判断缺陷性质。多组分油色谱在线监测装置（气相色谱原理）。优点：技术成熟，灵敏度、扩展性、性价比均较好；缺点：维护工作量较大，需定期检验。多组分油色谱在线监测装置（光声光谱法）。优点：无需载气、维护量小、灵敏度好；缺点：价格昂贵、H_2 组分的检测需增加电化学传感器。多组分油色谱在线监测装置（红外光谱法与传感器阵列法）。优点：无需载气、维护量小。缺点：装置价格昂贵、性价比不高，装置运行稳定性差，技术尚不成熟。

选型建议：对存在成本控制的情况下，可选用单组分油色谱在线监测装置。若采用多组分油色谱在线监测装置，建议优先选用气相色谱技术。对于光声光谱技术，可少量试点应用。

②变压器铁心接地在线监测装置。电磁式电流传感器。优点：结构简单、日常维护量小、建设成本低；缺点：容易受周边电磁场干扰，误差不容易控制。基于霍尔效应式电流传感器。优点：不容易受周边磁场干扰，交、直流电流均可测量；缺点：装置故障率较高。

选型建议：推荐采用电磁式电流传感器原理的铁心接地电流在线监测装置，换流变压器应选用基于霍尔效应式电流传感器。

③金属氧化锌避雷器在线监测装置。全电流法。优点：结构简单，维护方便，成本较低；缺点：对设备缺陷的反应不够灵敏，装置故障率较高。补偿法。优点：检测精度高；缺点：无法去除相间耦合电容电流和高次谐波的干扰，易造成三相阻性电流不平衡。基波法。优点：电路较简单，成本较低；缺点：仅可检测阻性电流基波成分的变化，无法解决系统谐波电流中的容性电流成分对检测精度的影响。谐波分析法。优点：缺陷检出率最高，监测可信度高，硬件电路简单；缺点：抗干扰性能不足。

选型建议：建议采用谐波分析法原理的避雷器在线监测装置。

（6）提升在线监测系统通信可靠性。

1）现状及需求。

部分变电站存在在线监测系统通信不稳定、数据上传频繁中断等问题，导致监测装置接入率低，运维工作量大等问题。

需提升在线监测系统通信可靠性，确保在线监测系统稳定运行。

案例 1：220kV 某变电站数据中断，分析发现故障原因为工业交换通信中断，重启交换机后数据上传正常，间隔 1～3 个月又出现同样的问题。拆机后仔细分析，发现是交换机的电源保护部分出现问题，电源模块温度上限较低，引起自动断电保护。

案例 2：220kV 某变电站容性设备在线监测装置安装调试时，发现数据通信异常，经查，现场容性设备通信采用 RS485 总线级联的方式，相邻设备之间采用"手拉手"的方式进行连线通信，由于之前设计时只预留了一个连接端子，由于端子未标明名称，两个线同时接到一个接线端子上面，引起通信 RS485 线短路，造成数据异常，如图 3-98 所示。

图 3-98　在线监测通信 RS485 线短路

案例 3：在线监测系统发现 500kV 某变电站在线监测系统从 COM9 通道中断，导致 21 个装置点位数据无法上传系统。经排查后发现为通道内的某一块板卡通信接口无分级保护电路受到冲击故障，导致整个通道 RS485 通信受到影响，从而影响数据的上传。

2）具体措施。

a）优化在线监测系统通信架构，取消就地交换机，在线监测装置通过 IEC 61850 直接上传至Ⅲ区交换机，或经过在线监测综合监测单元上传。

b）在线监测装置就地通信时，传输模拟量不宜超过 50m，普通单条 RS485 通信链路长度不宜超过 500m，带屏蔽铠装的单条 RS485 链路长度不宜超过 1km。

c）在线监测装置两根以上 RS485 数据线连接时，应采用端子排转接方式，并标明端子名称。

d）在线监测装置 RS485 通信接口应增加分级防护电路，第一级保护宜采用气体放电管，第二级保护宜采用瞬态抑制二极管。

e）RS485 通信线应采用带铠装屏蔽的电缆，提高抗干扰能力。

f）在线监测装置或综合监测单元宜采用光纤通信方式至Ⅲ区交换机。

（7）提升在线监测装置安装质量。

1）现状及需求。

部分在线监测装置由于安装工艺不规范，导致装置故障率高，甚至影响主设备安全运行。

需规范安装工艺，提升现场安装质量。

案例 1：220kV 某变电站对早期接入在线监测系统的容性设备末屏进行排查时，发现一些监测装置未加装末屏断线保护器，存在极大安全隐患，如图 3-99 所示。

图 3-99　监测装置加装末屏断线保护前后

案例 2：500kV 某变电站竣工预验收时发现 5011 断路器 B 相、5013 断路器 C 相、5023 断路器 B 相的局部放电装置内置传感器存在漏气现象，漏气率达到 10%。

案例 3：220kV 某变电站 SF$_6$ 微水密度在线监测传感器安装于 GIS 设备的补气口上，补气时发现三通阀存在漏气情况，如图 3-100 所示。

2）具体措施。

a）容性设备在线监测装置安装时不应有造成末屏断线的可能，尽量不使用连接线（若必须使用连接线，不得长于 50cm）。

b）容性设备在线监测装置应安装末屏断线保护器，并具备断线报警功能。

c）局部放电在线监测装置的外置式传感器

图 3-100　SF$_6$ 微水密度在线监测传感器

安装不应改变主设备的屏蔽结构，内置式传感器的安装不应改变设备内部场强。

d）SF$_6$ 微水压力在线监测装置和局部放电在线监测装置内置式传感器安装后，应开展漏气检验。

e）SF$_6$ 微水压力在线监测装置安装时不应改变 SF$_6$ 密度继电器的连接结构，应减少使用中间三通阀等连接设备，并留有补气口。

f）变压器铁心接地无中间连接线时应采用开口式电流传感器，在变压器铁心接地有中间连接线时可采用闭口式电流传感器。闭口式传感器安装后应确保中间连接线连接可靠，接地良好，变压器铁心接地电流在线监测装置安装图如图 3-101 所示。

图 3-101 变压器铁心接地电流在线监测装置安装图

3.7.4 智能化关键技术

（1）推进一体化智能监控平台建设。

1）现状及需求。

目前，变电站内辅助系统种类繁多，在线监测、消防、视频、安防等各辅助系统均独立运行。

需要建立统一的变电站一体化智能监控平台，实现变电站各系统间的监测、控制和联动，提升运维效率和设备运行可靠性。

2）优缺点。

a）特点及优势：①在线监测装置通过在线监测综合监测单元接入Ⅲ区交换机。②变电站增加辅助测控单元。将在线监测装置通过统一规约接入辅助测控单元。③通过一体化智能监控平台实现在线监测系统与机器人系统、视频系统的联动。

b）缺点及存在的不足：①辅助系统所有数据全部接入Ⅲ区服务器，数据量大，带宽要求高。②Ⅱ/Ⅲ区正向隔离装置不稳定，存在数据丢失现象。③Ⅲ区服务器处理数据量大，性能要求高。④无法在一台工作站上实现站内主、辅设备的遥控。

3）技术成熟度及难点。

技术上成熟，可以实现。但产品开发处于起步发展阶段，部分单位已探索开发。对各子系统的软硬件接口和通信规约需进行统一，各设备制造厂家需重新设计软、硬件系统。

（2）研究无线接入技术的在线监测装置。

1）现状及需求。

目前变电站内在线监测装置与系统后台的数据通信采用光纤或网络线的有线传输方式，存在线缆敷设工作量大、后期改扩建困难的问题。

需研究采用可靠无线接入技术的在线监测装置，降低施工阶段的线缆敷设工作量，提高系统接入的灵活性。

2）优缺点。

a）特点及优势：采用无线接入技术的变电站在线监测通信网络，能够便利地实现在线监测装置的接入和扩容，减少施工量。

b）缺点及存在的不足：在线监测无线接入技术尚未在变电站环境内得到实际应用，无线终端接入的有效性、安全性和在强电磁环境下传输的稳定性有待验证。

3）技术成熟度及难点。

无线数据网络技术是通信业内较为成熟的技术，已经有了现成的产品设备，并且在其他领域已经有了一定规模的应用，具备了试点引入的条件。

难点在于无线终端接入认证的有效性和安全性需要有足够的技术支撑。

（3）研发基于"一体化、标准化、模块化"的智能化监测设备。

1）现状及需求。

大部分变电在线监测装置在主设备投运后加装，存在破坏主设备结构、抗干扰性差、影响主设备安全等问题。

需推进一体化、标准化和模块化的在线监测装置设计与应用。

一体化是指与主设备同步设计、同步制造；标准化是指各在线监测装置生产厂商按统一标准进行制造；模块化是指在线监测装置各部件进行模块化设计。

2）优缺点。

a）特点及优势：在线监测传感器与设备本体的一体化设计可减少对设备本体的影响，合理地布置传感器可有效降低干扰，在不影响性能的前提下，同类型装置采用结构一致、标准化与模块化设计，可大幅提高同类装置、模块之间的互换性，有效减少运维工作量。

b）缺点与存在的不足：一体化制造需物资部门改变采购模式，协调难度大。各在线监测装置生产厂商技术水平差异大，统一制造标准存在困难。

3.8　变电站辅助设备监控系统对比及选型建议

针对变电站信息系统种类繁杂、信息分散、无法联动等问题，需要对现有孤立分散的变电站各类信息系统资源进行优化整合，构建变电站运维智能监控平台，实现信息资源共享、系统间业务的无缝衔接。

变电站运维智能监控平台包括主设备智能监控系统、辅助设备智能监控系统两个子系统。主设备智能监控系统主要实现一次设备、保护及自动化设备、站用电源系统等设备的信息监控和集中管理；辅助设备智能监控系统主要实现在线监测、安防、消防、环境监控、灯光智能控制、视频、智能巡检机器人等系统的信息监控和集中管理。主设备智能监控系统通过正向隔离装置实现与辅助设备智能监控系统的信息联动。

本节对变电站辅助设备监控系统的系统构架方式、站内布置方式及数据外送接入方式进行对比分析，并提出选型建议。

3.8.1　对比范围

本节对常规变电站辅助系统、智能变电站辅助系统、变电站辅助设备智能监控系统等三个发展阶段的系统架构进行对比分析，并对变电站辅助设备智能监控系统装置的站内布置方式、远传外送接入方式进行比对，提出变电站辅助设备监控系统选型建议和建设方案。

3.8.2　变电站辅助设备监控系统架构方式对比

（1）系统简述。

1）常规变电站辅助监控系统。常规变电站辅助监控系统在基建阶段主要配置视频、安防、消防等三个子系统，各系统主机独立管理。

常规变电站辅助监控系统在变电站内的系统架构上分为采集器（控制器）—子系统主机—测控装置—监控后台（工作站）共四个层级。数据信息经各子系统的采集装置采用私有协议上传至子系统主机，由测控装置汇总报警信息后，上传至站内监控后台或工作站。

a）视频子系统主要包括前端摄像机、视频系统主机（硬盘录像机）、视频工作站。站内传输网络分四层，前端摄像机采集的视频信号经网线采用 onvif 协议或国网 C 接口协议传至视频系统主机，视频系统主机把视频信号编码、压缩后，以国网 B 接口协议上传至站端视频工作站，用于站内视频系统的浏览。视频系统主机同时会把视频信号以国网 B 接口协议通过 Ⅲ/Ⅳ区网络上传至电网统一视频平台。

b）安防子系统主要由电子围栏合金线、红外对射、红外双鉴被动探测器等前端传感器、控制器、安防系统主机组成。站内传输网络分五层，前段传感器把报警信号上传至控制器，控制器将各类报警信号汇总后以 RS485、I/O 等协议上传至安防系统主机，安防系统主机把总告警信号通过硬节点上传至站内公用测控装置，传输至站内监控后台主机并转发主站。

c）消防子系统主要由烟感、手报、感温电缆等前端探测器、消防报警主机组成，站内传输网络主要分四层。前端探测器通过 CAN 总线将报警信号上传至消防报警主机，消防报警主机联动警号、消防广播、灭火系统装置等，并把总告警信号通过硬节点上传至站内公用测控装置，传输至站内监控后台主机并转发至主站。常规变电站辅助系统架构图如图 3-102 所示。

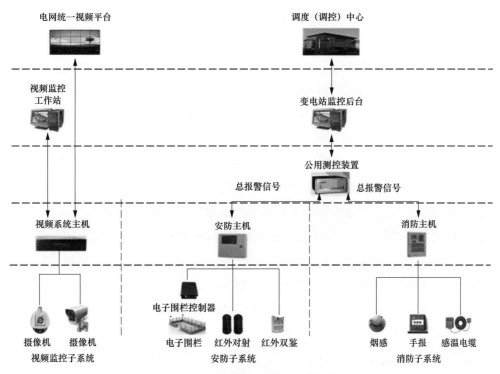

图 3-102　常规变电站辅助系统架构图

2）智能变电站辅助监控系统。智能变电站辅助监控系统在基建阶段主要包括视频、安防、消防、环境监控、灯光智能控制等子系统，各系统主机独立管理。

智能变电站辅助监控系统在变电站内的系统架构上分为采集器（控制器）—子系统主机—协议转换器（或 IED）—站端主机（工作站）共四个层级。其中，辅助设备数据信息经各子系统的采集装置，采用私有协议上传至子系统主机，经协议转换器转换为 IEC 61850 协议接入站端主机；在线监测传感器经 IED 接入站内在线监测主机，并上传至状态评价中心。

a）视频子系统主要包括前端摄像机、视频系统主机（硬盘录像机）、视频工作站。传输网络分五层，前端摄像机采集的视频信号经网线采用国网 C 接口协议传至视频系统主机，视频系统主机把视频信号编码、压缩后，以国网 B 接口协议接入辅助系统主机。视频系统主机同时会把视频信号以国网 B 接口协议通过Ⅲ/Ⅳ区网络上传至电网统一视频平台。

b）安防子系统主要由电子围栏合金线、红外对射、红外双鉴被动探测器等前端传感器、控制器、安防系统主机组成。传输网络分五层，前端传感器把报警信号上传至控制器，控制器将各类报警信号汇总后以 RS485、I/O 等协议上传至安防系统主机，安防系统主机报警信号经协议转换器转换成 ICE 61850 协议接入辅助系统主机，安防系统主机同时会把总告警信号通过硬节点上传至站内公用测控装置，上传至站内监控后台主机并转发主站。

c）消防子系统主要包括烟感、手动报警按钮、感温电缆等前端探测器、消防报警主机组成，传输网络主要分五层。前端探测器通过 CAN 总线将报警信号上传至消防报警主机，消防报警主机报警信号经协议转换器转换成 ICE 61850 协议接入辅助系统主机，消防报警主机同时把总告警信号通过硬节点上传至站内公用测控装置，上传至站内监控后台主机并转发至主站。

d）门禁子系统主要由门禁卡、电磁锁、读卡器、门禁控制器、门禁主机、协议转换器组成，传输网络分为六层。刷卡开门时，读卡器信号采集后上传门禁控制器，门禁控制器再把 ModBus_RS485 信号上传至门禁主机，门禁主机将 ModBus_RS485 信号经协议转换器转换成 ICE 61850 协议接入辅助系统主机，辅助系统主机验证权限后下发开门指令。

e）环境监控子系统主要由微气象、温度、湿度、水浸等前段探测器、环境采集单元、环境监控主机、协议转换器组成，传输网络分五层。前端探测器将 I/O、模拟、数字等环境数据接入环境采集单元，环境采集单元汇总环境数据以 ModBus_RS485 接入环境监控主机，环境监控主机将环境数据经协议转换器转换成 ICE 61850 协议接入辅助系统主机。

f）灯光智能控制等子系统主要由前端灯具、智能灯光控制器、协议转换器等组成，传输网络分四层。前端灯具 I/O 控制信号接入智能灯光控制器，智能灯光控制器将 ModBus_RS485 控制信号经协议转换器转换成 ICE 61850 协议接入辅助系统主机，通过辅助系统主机下发控制命令到前端灯具，控制灯具的开、关。

g）在线监测子系统未接入智能变电站辅助监控系统，主要由前端传感器、监测 IED、在线监测站端主机组成，传输网络分四层。前端各种传感器将采集到的监测数据以私有协议经不同监测 IED 接入站内在线监测主机，并上传状态评价中心。智能变电站辅助监控系统架构图如图 3-103 所示。

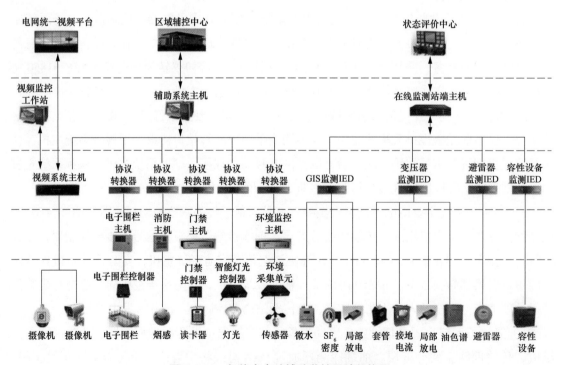

图 3-103　智能变电站辅助监控系统架构图

3）变电站辅助设备智能监控系统。变电站辅助设备智能监控系统主要包括在线监测、安防、消防、环境监控、灯光智能控制、视频、智能巡检机器人等子系统，除消防、视频、智能巡检机器人子系统外，其他子系统均取消主机，数据集中管理。

变电站辅助设备智能监控系统在变电站内的系统架构分为采集器（控制器）—测控单元（或 IED）—站端主机（工作站）共三个层级。其中，除视频、智能巡检机器人子系统外，其他子系统采用直采直控方式通过辅助测控单元实现数据统一采集，在变电站辅助设备智能监控系统主机实现对所有辅助设备的信息监控和集中管理。变电站辅助设备智能监控系统通过正向隔离装置接收一次设备、保护及自动化设备、站用电源系统等设备信息，经过信息融合实现全站数据一体化监视。辅助测控单元采用 IEC 61850 与辅助设备智能监控系统主机通信，单一辅助测控单元支持通信、数字量、模拟量等多种方式数据采集，实现多系统集中接入。变电站辅助设备智能监控系统架构图如图 3-104 所示。

a）在线监测子系统数据采集。变压器油色谱、局部放电在线监测装置，通过 IEC 61850 直接接入变电站辅助设备智能监控系统（不通过辅助测控装置），网络传输为一层。

避雷器、主变压器铁心接地电流传感器、组合电器气室 SF_6 监测传感器等通过 ModBus_RS485 接入辅助测控装置，辅助测控装置通过 IEC 61850 接入变电站辅助设备智能监控系统，网络传输为两层。

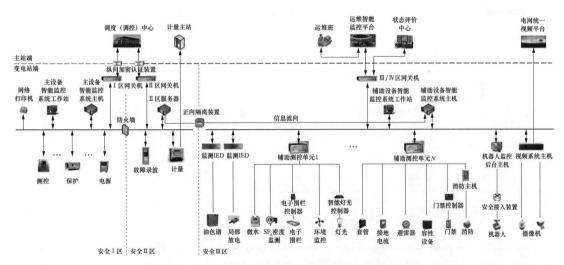

图 3-104　变电站辅助设备智能监控系统架构图

b）安防系统数据采集。安防系统独立主机，电子围栏控制器、门禁控制器通过 ModBus_RS485 接入辅助测控装置，辅助测控装置通过 IEC 61850 接入变电站辅助设备智能监控系统，网络传输为两层。安防告警总信号通过硬节点接入公用测控装置，上送主站。

c）消防系统数据采集。消防系统保留消防主机，消防主机通过 ModBus_RS485 接入辅助测控装置，辅助测控装置通过 IEC 61850 接入变电站辅助设备智能监控系统，网络传输为两层。消防告警总信号通过硬节点接入公用测控装置，上送主站。

d）环境监控系统数据采集。环境监控系统取消主机，温湿度、水浸、SF_6 监测、水位等传感器采用 ModBus_RS485 接入辅助测控单元，辅助测控装置通过 IEC 61850 接入变电站辅助设备智能监控系统，网络传输为一层。

微气象、空调控制器通过 ModBus_RS485 接入辅助测控装置，辅助测控装置通过 IEC 61850 接入变电站辅助设备智能监控系统，网络传输为一层。

e）灯光智能控制系统数据采集。灯光智能控制系统取消主机，灯光智能控制器通过 ModBus_RS485 接入辅助测控装置，辅助测控装置通过 IEC 61850 接入变电站辅助设备智能监控系统，网络传输为两层。

f）视频系统数据采集。视频系统主机通过接口 C 协议接入辅助设备智能监控系统主机，不接入辅助测控单元，网络传输为一层。

g）智能巡检机器人数据采集。智能巡检机器人主机通过 IEC 61850 接入辅助设备智能监控系统主机，不接入辅助测控单元，网络传输为一层。变电站辅助设备智能监控系统架构图如图 3-105 所示。

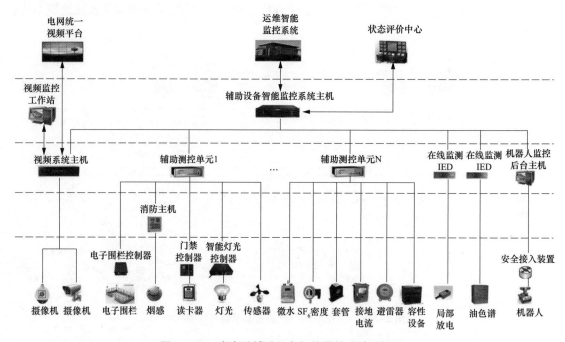

图 3-105　变电站辅助设备智能监控系统架构图

（2）优缺点比较。

1）性能对比。常规变电站辅助监控系统、智能变电站辅助监控系统、辅助设备智能监控系统的性能对比如表 3-54 所示。

表 3-54　常规变电站辅助监控系统、智能变电站辅助监控系统、辅助设备智能监控系统性能对比

对比 内容	常规变电站 辅助监控系统	智能变电站 辅助监控系统	辅助设备 智能监控系统
通信层级	数据分别经过传感器（控制器）、分系统主机、公用测控装置、监控后台主机四层传输，通信层级多，传输效率低	数据分别经过传感器（控制器）、分系统主机、协议转换器、辅助系统主机四层传输，通信层级多，传输效率低	取消分系统主机与协议转换器，数据分别经过传感器（控制器）、辅助测控单元、辅助设备智能监控系统主机三层传输，通信层级少，传输效率高
通信方式	传感器（控制器）通过私有协议接入各自主机，协议多样，接入困难	传感器（控制器）通过私有协议接入各自主机，各主机通过私有协议接入协议转换器，转换为 IEC 61850 协议接入辅助系统主机，多层协议转换导致接入困难、通信方式复杂	传感器（控制器）通过直采或 ModBus_RS485 接入辅助测控单元，通过 IEC 61850 协议接入辅助设备智能监控系统主机，减少协议转换环节，接入简单、通信方式简洁
集成度	子系统相互独立，不具备集中监控功能，没有集成	子系统相互独立，统一接入辅助系统主机，初步具备联动功能。在线监测、智能巡检机器人数据与辅助系统独立运行，集成度较低	实现在线监测、辅助系统、视频、智能巡检机器人的统一管理，数据高度融合，集成度高
联动性能	无法联动	在线监测、智能巡检机器人未接入，联动范围小	在线监测、辅助系统、视频、智能巡检机器人同一主机管理，联动范围大

2）配置规模对比。常规变电站辅助监控系统、智能变电站辅助监控系统、辅助设备智能监控系统的配置规模对比如表 3-55 所示。

表 3-55　常规变电站辅助监控系统、智能变电站辅助监控系统、辅助设备智能监控系统配置规模对比

电压 等级（kV）	常规变电站 辅助监控系统	智能变电站 辅助监控系统	辅助设备 智能监控系统
35（66）	视频系统：视频系统主机 1 台，视频工作站 1 台	视频系统：视频系统主机 1 台，视频工作站 1 台	视频系统：视频系统主机 1 台，视频工作站 1 台

类型 电压 等级（kV）	常规变电站 辅助监控系统	智能变电站 辅助监控系统	辅助设备 智能监控系统
35（66）	安防子系统： 两防区控制器1 台，安防主机 1台 消防子系统： 报警主机1台 门禁子系统： 门禁控制器3 台，门禁主机 1台	安防子系统：两防区控制器 1台，安防主机1台 消防子系统：报警主机1台 门禁子系统：门禁控制器3 台，门禁主机1台 环境监控子系统：环境采 集单元1台，环境监控主机 1台 智能灯光控制子系统：灯光 控制器1台 在线监测子系统：在线监 测IED 4台，在线监测主机 1台 公用设备：协议转换器5 台，辅助系统主机1台	安防子系统：两防区控制器1台 消防子系统：报警主机1台 门禁子系统：门禁控制器3台 环境监控子系统：环境采集单元1台 智能灯光控制子系统：灯光控制器 1台 在线监测子系统：在线监测IED 2台 公用设备： 辅助设备智能监控系统主机1台，辅 助测控单元1台 较智能站辅助监控系统减少辅助系统 主机1台、子系统主机5台、协议转 换器5台、在线监测IED 2台，增加 辅助设备智能监控系统主机1台、辅 助测控单元1台
110	视频系统：视 频系统主机1 台，视频工作 站1台 安防子系统： 两防区控制器1 台，安防主机 1台 消防子系统： 报警主机1台	视频系统：视频系统主机1 台，视频工作站1台 安防子系统：两防区控制器 1台，安防主机1台 消防子系统：报警主机1台 门禁子系统：门禁控制器3 台，门禁主机1台 环境监控子系统：环境采 集单元1台，环境监控主机 1台 智能灯光控制子系统：灯光 控制器2台	视频系统：视频系统主机1台，视频 工作站1台 安防子系统：两防区控制器1台 消防子系统：报警主机1台 门禁子系统：门禁控制器3台 环境监控子系统：环境采集单元1台 智能灯光控制子系统：灯光控制器 1台 在线监测子系统：在线监测IED 2台 公用设备：辅助设备智能监控系统主 机1台，辅助测控单元3台

续表

电压等级（kV） 类型	常规变电站辅助监控系统	智能变电站辅助监控系统	辅助设备智能监控系统
110	门禁子系统：门禁控制器 3 台，门禁主机 1 台	在线监测子系统：在线监测 IED 4 台，在线监测主机 1 台 公用设备：协议转换器 5 台，辅助系统主机 1 台	较智能站辅助监控系统减少辅助系统主机 1 台、子系统主机 5 台、协议转换器 5 台、在线监测 IED 2 台，增加辅助设备智能监控系统主机 1 台、辅助测控单元 3 台
220	视频系统：视频系统主机 1 台，视频工作站 1 台 安防子系统：两防区控制器 2 台，安防主机 1 台 消防子系统：报警主机 1 台 门禁子系统：门禁控制器 5 台，门禁主机 1 台	视频系统：视频系统主机 1 台，视频工作站 1 台 安防子系统：两防区控制器 2 台，安防主机 1 台 消防子系统：报警主机 1 台 门禁子系统：门禁控制器 5 台，门禁主机 1 台 环境监控子系统：环境采集单元 2 台，环境监控主机 1 台 智能灯光控制子系统：灯光控制器 3 台 在线监测子系统：在线监测 IED 4 台，在线监测主机 1 台 公用设备：协议转换器 5 台，辅助系统主机 1 台	视频系统：视频系统主机 1 台，视频工作站 1 台 安防子系统：两防区控制器 2 台 消防子系统：报警主机 1 台 门禁子系统：门禁控制器 5 台 环境监控子系统：环境采集单元 2 台 智能灯光控制子系统：灯光控制器 3 台 在线监测子系统：在线监测 IED 2 台 公用设备：辅助设备智能监控系统主机 2 台，辅助设备智能监控系统工作站 1 台，辅助测控单元 4 台 较智能站辅助监控系统减少辅助系统主机 1 台、各类子系统主机 5 台、协议转换器 5 台、在线监测 IED 2 台，增加辅助设备智能监控系统主机 2 台、辅助测控单元 4 台
330 及以上	视频系统：视频系统主机 2 台，视频工作站 1 台 安防子系统：两防区控制器 4 台，安防主机 1 台	视频系统：视频系统主机 2 台，视频工作站 1 台 安防子系统：两防区控制器 4 台，安防主机 1 台 消防子系统：报警主机 1 台	视频系统：视频系统主机 2 台，视频工作站 1 台 安防子系统：两防区控制器 4 台 消防子系统：报警主机 1 台 门禁子系统：门禁控制器 8 台 环境监控子系统：环境采集单元 5 台

续表

电压 等级（kV） 类型	常规变电站 辅助监控系统	智能变电站 辅助监控系统	辅助设备 智能监控系统
330 及以上	消防子系统： 报警主机 1 台 门禁子系统： 门禁控制器 8 台，门禁主机 1 台	门禁子系统：门禁控制器 8 台，门禁主机 1 台 环境监控子系统：环境采 集单元 5 台，环境监控主机 1 台 智能灯光控制子系统：灯光 控制器 6 台 在线监测子系统：在线监 测 IED 4 台，在线监测主机 1 台 公用设备：协议转换器 5 台，辅助系统主机 1 台	智能灯光控制子系统：灯光控制器 6 台 在线监测子系统：在线监测 IED 2 台 公用设备：辅助设备智能监控系统主 机 2 台、辅助设备智能监控系统工作 站 1 台、辅助测控单元 6 台 较智能站辅助监控系统减少辅助系统 主机 1 台、各类子系统主机 5 台、协 议转换器 5 台、在线监测 IED 2 台， 增加辅助设备智能监控系统主机 2 台、辅助测控单元 6 台

3）可靠性对比。常规变电站辅助监控系统、智能变电站辅助监控系统、辅助设备智能监控系统可靠性对比如表 3-56 所示。

表 3-56 常规变电站辅助监控系统、智能变电站辅助监控系统、辅助设备智能监控系统可靠性对比

对比内容 类型	常规变电站 辅助监控系统	智能变电站 辅助监控系统	辅助设备 智能监控系统
装置可靠性	各子系统主机质量参差 不齐，故障概率高	各子系统主机质量参差不 齐，配置复杂，故障概率高	采用保护测控技术， 装置可靠性高，配置简 单，故障概率低
通信可靠性	通信层级多，通信接口 方式复杂、协议种类多； 部分接口未经严格检测， 可靠性低	通信层级多，链路复杂、 数据上送环节、中间设备多； 下层采用私有协议通信，数 据传输不规范，可靠性低	通信层级少，直采直 控模式减少协议转换； 通信协议标准化、种类 少，可靠性高

4）便利性对比。常规变电站辅助监控系统、智能变电站辅助监控系统、辅助设备智能监控系统便利性对比如表 3-57 所示。

表 3-57　常规变电站辅助监控系统、智能变电站辅助监控系统、辅助设备智能监控系统便利性对比

对比内容 ＼ 类型	常规变电站辅助监控系统	智能变电站辅助监控系统	辅助设备智能监控系统
安装便利性	现场需布置多台系统主机，点多面广，不能按区域集中采集，布线复杂，安装工作量较大	现场需布置多台系统主机，点多面广，不能按区域集中采集；较常规变电站增加辅助系统主机和协议转换器，布线更加复杂，安装工作量大	简化子系统独立主机配置，单一辅助测控单元实现多系统数据接入，布线简单，安装工作量小
调试便利性	各子系统独立配置，协议转换调试工作量较少	子系统配置数量多，主机独立配置，通过私有协议接入辅助系统主机，协议转换调试工作量大	通信标准化，协议转换调试工作量少
运维便利性	系统分散，多主机配置，需分装置进行系统维护，便利性差；上送信号简单，自检信号未上送，设备运行状态不可知，故障异常处理时效性差	系统分散，多主机配置，需分装置进行系统维护，便利性差；通信层级多，故障定位难，运维调试依赖厂家，维护困难	辅助测控单元集中采集，装置数量少，层级少，运维便利性高
更换改造便利性	各子系统主机独立配置、种类多，备品备件数量多	各子系统主机独立配置、种类多，备品备件数量多	采用标准的辅助测控单元，备品备件数量少

5）一次性建设成本。常规变电站辅助监控系统、智能变电站辅助监控系统、辅助设备智能监控系统一次性建设成本对比如表 3-58 所示。

表 3-58　常规变电站辅助监控系统、智能变电站辅助监控系统、辅助设备智能监控系统一次性建设成本对比

对比内容（kV） ＼ 类型	常规变电站辅助监控系统	智能变电站辅助监控系统	辅助设备智能监控系统
110	一般只配置安防、消防和视频系统，各子系统单设主机	各子系统单设主机，配置协议转换器完成规约转换，独立采购，单站采购成本约 2 倍常规变电站辅助监控系统	取消子系统主机和协议转换器，根据工程规模配置辅助测控单元，较智能变电站成本变化不大
220	一般只配置安防、消防和视频系统，各子系统单设主机	各子系统单设主机，配置协议转换器完成规约转换，独立采购，单站采购成本约 2 倍常规变电站辅助监控系统	取消子系统主机和协议转换器，根据工程规模配置辅助测控单元，较智能变电站成本变化不大

对比 内容（kV）	常规变电站 辅助监控系统	智能变电站 辅助监控系统	辅助设备 智能监控系统
330 及以上	一般只配置安防、消防和视频系统，各子系统单设主机	各子系统单设主机，配置协议转换器完成规约转换，独立采购，单站采购成本约 2 倍常规变电站辅助监控系统	取消子系统主机和协议转换器，根据工程规模配置辅助测控单元，较智能变电站成本变化不大

6）后期成本。常规变电站辅助监控系统、智能变电站辅助监控系统、辅助设备智能监控系统后期成本如表 3-59 所示。

表 3-59　常规变电站辅助监控系统、智能变电站辅助监控系统、辅助设备智能监控系统后期
成本对比

类型 对比内容	常规变电站 辅助监控系统	智能变电站 辅助监控系统	辅助设备 智能监控系统
维护成本	设备可靠性差，出现故障只能选用同一家产品，选择范围受限，运维成本高	设备可靠性差，接入方式复杂；出现故障只能选用同一家产品，选择范围受限，维护困难，运维成本高	设备可靠性高，接入方式统一；出现故障更换简单，后期维护方便，运维成本低

（3）优缺点总结及选型建议。

1）常规变电站辅助系统。

优点：各子系统相互独立，子系统故障相互不影响。

缺点：辅助设备配置不全，安防、消防、视频相互独立，未建立统一监控后台，不能实现集中监控。

选型建议：建议不选用。

2）智能变电站辅助系统。

优点：各子系统相互独立，子系统故障相互不影响；较常规变电站实现了辅助设备的集中监控。

缺点：在线监测及智能巡检机器人未接入辅助系统主机，集中监控不全面；通信层级多，故障概率高；各子系统协议不统一，接入困难，可靠性低，维护工作量大。

选型建议：建议不选用。

3）辅助设备智能监控系统。

优点：在线监测、辅助系统、视频、智能巡检机器人统一接入辅助设备智能监控系统

主机，集中监控更全面；扁平化结构系统层级少，装置数量少，集成度高；数据传输可靠性高；辅助测控单元直采直控有利于实现设备、协议、接口标准统一。

缺点：单一辅助测控单元需处理多系统数据，可靠性要求高。

选型建议：建议选用。

3.8.3 辅助设备智能监控系统站内布置方式对比

（1）布置方式简述。

1）在线监测、辅助系统Ⅱ区布置。

a）在站内增加Ⅰ区运维网关机、纵向加密认证装置、辅助设备智能监控系统主机、辅助设备智能监控系统工作站、正向隔离装置，在运维班增加独立的Ⅰ区、Ⅲ区监控终端。

b）在线监测、辅助系统布置在Ⅱ区，经防火墙接入主设备智能监控系统主机，同时通过Ⅰ区运维网关机、经调度数据网上传，运维班通过Ⅰ区监控终端可实现对站内Ⅰ区设备、在线监测、辅助系统的远程监控。

c）智能巡检机器人、视频系统布置在Ⅲ区，通过Ⅲ/Ⅳ区网络上传，运维班通过Ⅲ区监控终端可实现对智能巡检机器人、视频系统的远程监控。

d）通过主设备智能监控系统主机实现站内主设备、在线监测、辅助系统间联动，Ⅰ区信息通过Ⅱ区服务器、正向隔离装置、辅助设备智能监控系统主机联动智能巡检机器人、视频系统。

2）在线监测、辅助系统Ⅲ区布置。

a）在站内增加辅助设备智能监控系统主机、辅助设备智能监控系统工作站、正向隔离装置，在运维班增加Ⅲ区监控终端。

b）在线监测、辅助系统、智能巡检机器人、视频系统布置在Ⅲ区，通过Ⅲ/Ⅳ区网络上传，运维班通过Ⅲ区监控终端可实现对在线监测、辅助系统、智能巡检机器人、视频系统的远程监控。

c）站内Ⅰ区数据经Ⅱ区服务器、正向隔离装置接入辅助设备智能监控系统主机，通过Ⅲ/Ⅳ区网络上传，运维班通过Ⅲ区监控终端可实现对变电站主设备的远程监视。

d）通过辅助设备智能监控系统主机实现在线监测、辅助系统、智能巡检机器人、视频系统间联动，Ⅰ区信息通过Ⅱ区服务器、正向隔离装置、辅助设备智能监控系统主机联动在线监测、辅助辅助系统、智能巡检机器人、视频系统。在线监测、辅助系统Ⅱ区和Ⅲ区布置图如图 3-106 所示。

（2）优缺点比较。

1）性能对比。在线监测、辅助系统Ⅱ区布置与在线监测、辅助系统Ⅲ区布置性能对比如表 3-60 所示。

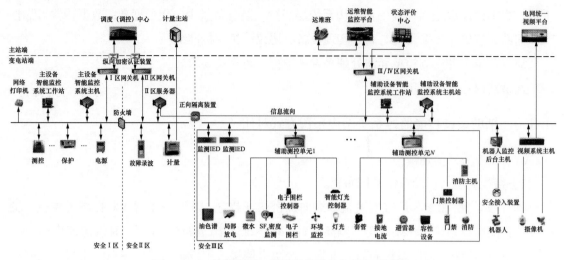

图 3-106　在线监测、辅助系统Ⅱ区和Ⅲ区布置图

表 3-60　在线监测、辅助系统Ⅱ区布置与在线监测、辅助系统Ⅲ区布置性能对比

布置方式 对比内容	在线监测、辅助系统Ⅱ区布置	在线监测、辅助系统Ⅲ区布置
数据远传	在线监测、辅助系统数据通过Ⅰ区运维网关机上传运维班	在线监测、辅助系统数据通过Ⅲ/Ⅳ区网关机上传运维班
站内监控方式	通过主设备智能监控系统工作站实现对在线监测、辅助系统等设备的监控	通过辅助设备智能监控系统工作站实现对在线监测、辅助系统等设备的监控
运维班监控方式	通过Ⅰ区监控终端实现对Ⅰ/Ⅱ区设备的监控；通过Ⅲ区监控终端实现对智能巡检机器人、视频系统等设备的监控	通过Ⅲ区监控终端实现对在线监测、辅助系统、智能巡检机器人、视频系统等设备的监控，以及对Ⅰ/Ⅱ区数据的监视
传输性能	在线监测、辅助系统数据经正向隔离装置、辅助设备智能监控系统主机上送，存在数据丢失、时效性降低等问题	在线监测、辅助系统直接上送辅助设备智能监控系统主机，无数据丢失、时效性降低等问题

2）安全性对比。在线监测、辅助系统Ⅱ区布置与在线监测、辅助系统Ⅲ区布置安全性对比如表 3-61 所示。

表 3-61　在线监测、辅助系统Ⅱ区布置与在线监测、辅助系统Ⅲ区布置安全性对比

布置方式 对比内容	在线监测、辅助系统Ⅱ区布置	在线监测、辅助系统Ⅲ区布置
信息安全	增加Ⅰ区运维网关机，在运维班接入调度数据网，增加了Ⅰ/Ⅱ区信息安全风险	运维班终端作为平台客户端，部署在Ⅲ区网络，未增加Ⅰ/Ⅱ区信息安全风险

3）可靠性对比。在线监测、辅助系统Ⅱ区布置与在线监测、辅助系统Ⅲ区布置可靠性

对比如表 3-62 所示。

表 3-62　在线监测、辅助系统 II 区布置与在线监测、辅助系统 III 区布置可靠性对比

布置方式 对比内容	在线监测、辅助系统 II 区布置	在线监测、辅助系统 III 区布置
系统故障概率	I 区、II 区、III 区系统故障均对在线监测、辅助系统监控存在影响	仅 III 区系统故障对在线监测、辅助系统监控存在影响
联动可靠性	与智能巡检机器人、视频系统联动需经过正向隔离装置，可靠性低，不能反向联动	与智能巡检机器人、视频系统在同一网络，可靠性高，可双向联动
I 区网络负载	增加 I 区网络负载	未增加 I 区网络负载

4）便利性对比。在线监测、辅助系统 II 区布置与在线监测、辅助系统 III 区布置便利性对比如表 3-63 所示。

表 3-63　在线监测、辅助系统 II 区布置与在线监测、辅助系统 III 区布置便利性对比

布置方式 对比内容	在线监测、辅助系统 II 区布置	在线监测、辅助系统 III 区布置
控制便利性	通过一台工作站（I 区）实现对主设备和辅助系统的控制，便利性高	通过两台工作站实现控制功能，其中主设备智能监控系统工作站实现对主设备的控制，辅助设备智能监控系统工作站实现对辅助系统的控制，便利性低
联动便利性	在线监测、辅助系统需要与辅助设备智能监控系统主机通信，受正向隔离装置制约，交互性差，联动便利性低	在线监测、辅助系统与智能巡检机器人、视频系统在同一网络，交互性强，联动便利性高
运维便利性	在线监测、辅助系统功能升级在主设备智能监控系统主机进行操作，对主设备监控有影响	在线监测、辅助系统功能升级在辅助设备智能监控系统主机进行操作，对主设备监控无影响

5）一次性建设成本。在线监测、辅助系统 II 区布置与在线监测、辅助系统 III 区布置一次性建设成本对比如表 3-64 所示。

表 3-64　在线监测、辅助系统 II 区布置与在线监测、辅助系统 III 区布置一次性建设成本对比

布置方式 对比内容	在线监测、辅助系统 II 区布置	在线监测、辅助系统 III 区布置
采购成本	需增加 I 区运维网关机、正向隔离装置、辅助设备智能监控系统主机、辅助设备智能监控系统工作站、I 区监控终端、III 区监控终端，采购成本高	需增加正向隔离装置、辅助设备智能监控系统主机、辅助设备智能监控系统工作站、III 区监控终端，采购成本低
安装调试成本	新增设备多，调试费用高	新增设备少，调试费用低

（3）优缺点总结及选型建议。

1）在线监测、辅助系统Ⅱ区布置。

优点：运维班可实现主设备远程遥控、保护测控装置远程复归等操作。

缺点：系统架构复杂，存在信息安全风险，相对可靠性和便利性较差；主设备智能监控系统主机承担了主设备、在线监测、辅助系统等全站设备监控，系统操作复杂，作业安全风险高；新增设备多，建设成本高。

选型建议：建议不选用。

2）在线监测、辅助系统Ⅲ区布置。

优点：系统架构清晰、改动小，整体安全性、可靠性高；在线监测、辅助系统与智能巡检机器人、视频系统处于同一网络，联动效率、可靠性高；Ⅲ区网络覆盖范围较大，监控便利性高；新增设备少，建设成本低。

缺点：运维班驻地无法实现主设备遥控操作。

选型建议：建议选用。

3.8.4 数据外送接入方式对比

（1）接入方式简述。

1）运维班由运维智能监控平台接收数据。运维班由运维智能监控平台接收数据架构如图3-107所示。

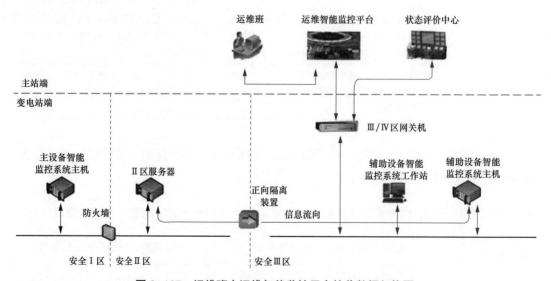

图3-107 运维班由运维智能监控平台接收数据架构图

运维班部署运维智能监控平台客户端，通过Ⅲ区网络由运维智能监控平台接收数据，依据权限实现对所辖变电站的数据监控。

2）运维班由变电站接收数据。运维班部署集控服务器及软件，通过Ⅲ区网络从变电站直接接收数据，实现对所辖变电站的数据监控。

（2）优缺点比较。

1）性能对比。运维智能监控平台接收数据与变电站接收数据性能对比如表 3-65 所示。

表 3-65 运维智能监控平台接收数据与变电站接收数据性能对比

数据获取 / 对比内容	运维智能监控平台接收数据	变电站接收数据
监控范围	通过权限分配，可对运维智能监控平台所有变电站进行监控	只能监控已接入的变电站
数据传输方式	作为客户端访问运维智能监控平台，依赖地市运检平台建设	从变电站直接采集数据，不依赖运维智能监控平台建设
数据传输效率	增加运维智能监控平台传输环节，数据传输效率相对低	从辖区变电站直接采集数据，数据传输效率相对高

2）安全性对比。运维智能监控平台接收数据与变电站接收数据安全性对比如表 3-66 所示。

表 3-66 运维智能监控平台接收数据与变电站接收数据安全性对比

数据获取 / 对比内容	运维智能监控平台接收数据	变电站接收数据
数据安全	权限集中管理，数据安全风险低	权限分散管理，数据安全风险高

3）可靠性对比。运维智能监控平台接收数据与变电站接收数据可靠性对比如表 3-67 所示。

表 3-67 运维智能监控平台接收数据与变电站接收数据可靠性对比

数据获取 / 对比内容	运维智能监控平台接收数据	变电站接收数据
故障概率	增加运维智能监控平台传输环节，故障概率相对高	从变电站直接采集数据，故障概率相对低
故障影响范围	运维智能监控平台出现故障会影响所有变电站数据监控，故障影响范围大	故障只影响单站数据监控，故障影响范围小

4）便利性对比。运维智能监控平台接收数据与变电站接收数据便利性对比如表 3-68 所示。

表 3-68 运维智能监控平台接收数据与变电站接收数据便利性对比

数据获取 对比内容	运维智能监控平台接收数据	变电站接收数据
运维便利性	所有数据管理在运维智能监控平台完成，运维班仅作为客户端运行，维护简单，工作量小	运维班作为服务端独立运行，完成辖区内所有变电站数据管理，维护复杂，工作量大
接入便利性	可根据主站平台分配权限灵活调整，接入便利性高	运维班所辖变电站变动时，服务端软件需重新配置，接入便利性低

5）一次性建设成本。运维智能监控平台接收数据与变电站接收数据一次性建设成本对比如表 3-69 所示。

表 3-69 运维智能监控平台接收数据与变电站接收数据一次性建设成本对比

数据获取 对比内容	运维智能监控平台接收数据	变电站接收数据
采购成本	增加运维班工作站，采购成本低	增加运维班集控服务器，采购成本高
安装调试成本	运维班直接使用主站数据，不需调试，成本低	运维班部署服务端软件，需重复调试，成本高

6）后期成本。运维智能监控平台接收数据与变电站接收数据后期成本对比如表 3-70 所示。

表 3-70 运维智能监控平台接收数据与变电站接收数据后期成本对比

数据获取 对比内容	运维智能监控平台接收数据	变电站接收数据
生产运维成本	增加运维班工作站，配置简单，运维成本相对低	增加运维班集控服务器及软件，配置复杂，运维成本相对高

（3）优缺点总结及选型建议。

1）运维班由运维智能监控平台接收数据。

优点：运维班客户端直接访问运维智能监控平台数据，不需调试；管辖变电站范围发生变化时调整方便，易维护；只需配置工作站，软硬件成本低。

缺点：运维智能监控平台故障时，运维班无法对辖区内变电站进行监视；应用水平依赖运维智能监控平台建设。

选型建议：建议优先选用。

2）运维班由变电站接收数据。

优点：运维班直接接收变电站数据，不依赖运维智能监控平台建设；运维智能监控平台异常不影响运维班对辖区内变电站监控。

缺点：运维班需要配置独立的服务端软硬件，管辖变电站范围发生变化时调整不便，成本高。

选型建议：建议不选用。